彩图 1-10 透射式荧光显微镜下酵母菌细胞
核内绿色荧光蛋白的表达观测

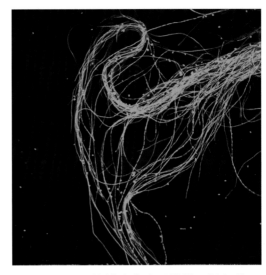

彩图 1-12 落射式荧光显微镜下绿色荧
光蛋白在一种真菌菌丝里的表达观测

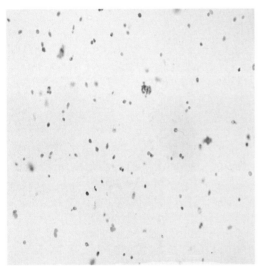

彩图 2-2 酵母菌形态图

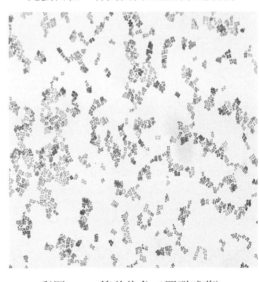

彩图 2-4 简单染色（四联球菌）

彩图 2-5 革兰氏染色（大肠杆菌）

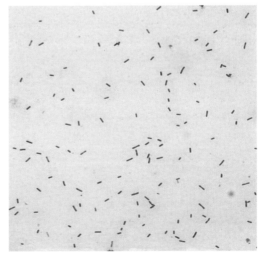

彩图 2-6 革兰氏染色（芽孢杆菌）

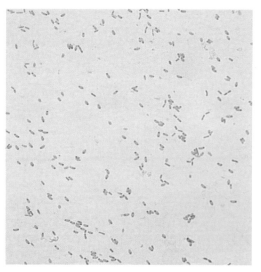

彩图 2-7 芽孢染色（枯草芽孢杆菌）

彩图 2-8 印片法（细黄链霉菌）

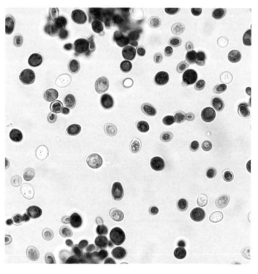

彩图 2-9 美蓝浸片（酿酒酵母）

彩图 2-10 水浸片（根霉）

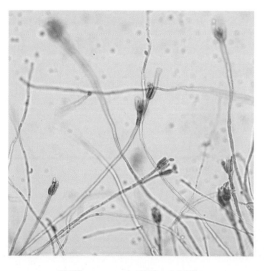

彩图 2-11 水浸片（青霉）

彩图 2-12 水浸片（黑曲霉）

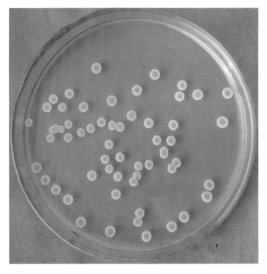

彩图 2-19 枯草芽孢杆菌菌落

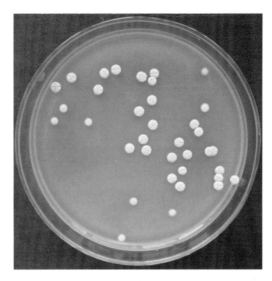

彩图 2-20 放线菌菌落（5406）

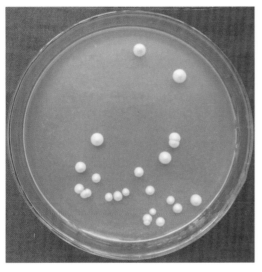

彩图 2-21 酵母菌菌落

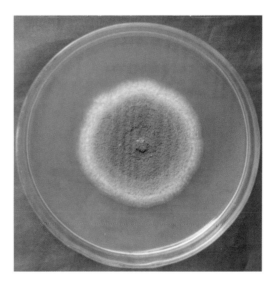

彩图 2-22 米曲霉菌落

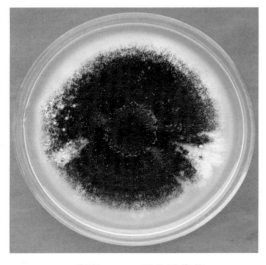

彩图 2-23 黑曲霉菌落

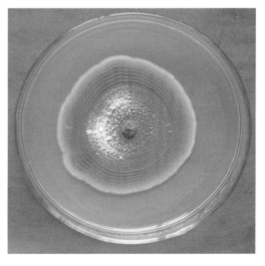

彩图 2-24 青霉菌落

彩图 4-3 大肠杆菌利用乳糖发酵实验结果

A.培养前的情况 B.培养后产酸产气
C.培养后产酸不产气

彩图 4-4 VP试验

左是大肠杆菌,右是枯草芽孢杆菌

彩图 4-5 甲基红实验

左侧接种产气肠杆菌,右侧接种大肠杆菌

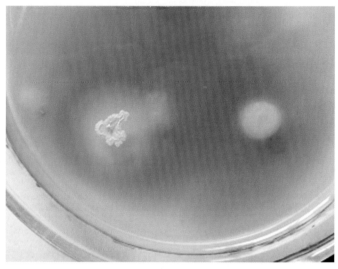

彩图 4-6 微生物水解淀粉实验

左侧菌种为枯草芽孢杆菌,右侧菌种为大肠杆菌

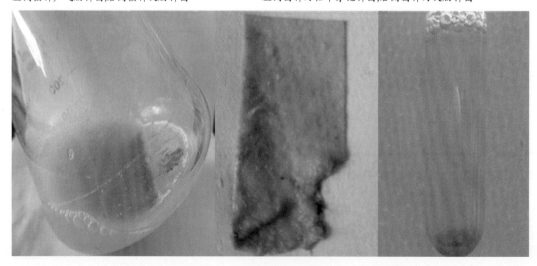

彩图 4-7 被分解的滤纸和发生的沉淀反应

彩图 4-8 发酵后的麻杆发酵液与FeCl₃反应
产生的棕褐色沉淀

彩图 4-9 微生物对尿素分解实验

左侧为实验后石蕊试纸,右侧为对照

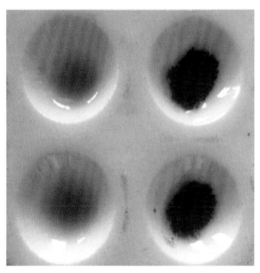

彩图 4-10 微生物对尿素分解实验检验结果

左侧为空白对照,右侧为实验组显色反应

彩图 4-11 氨化作用实验检测结果

左侧试管中呈絮状,右侧试管中出现气泡

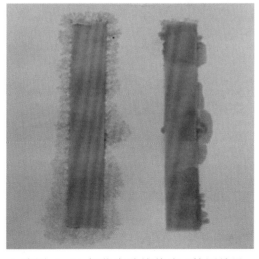

彩图 4-12 氨化实验培养液pH检测结果

左侧为对照试纸条,右侧为实验试纸条

彩图 4-14 明胶液化实验结果

左侧试管接种大肠杆菌,右侧试管接种枯草芽孢杆菌

彩图 4-13 硫化氢产生实验

图中试管和滤纸条的顺序为：大肠杆菌（左）、对照（中）、变形杆菌（右）

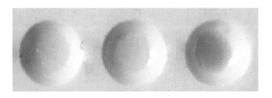

彩图 4-15 吲哚实验检测结果

从左到右依次为对照、金黄色葡萄球菌、大肠杆菌

彩图 4-17 微生物对硝酸盐还原实验

从左到右依次为枯草芽孢杆菌、大肠杆菌培养液、对照

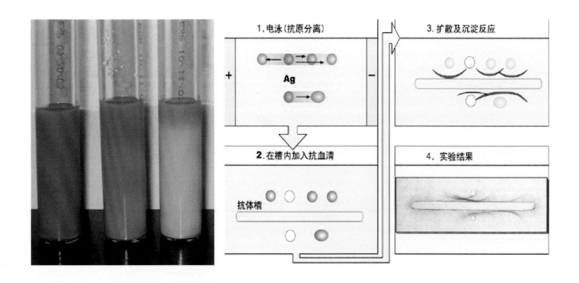

彩图 4-16 石蕊牛奶反应实验结果

试管从左到右依次是对照、酸凝固、胨化作用

彩图 6-3 原理示意图

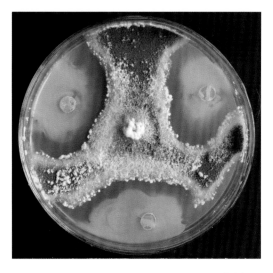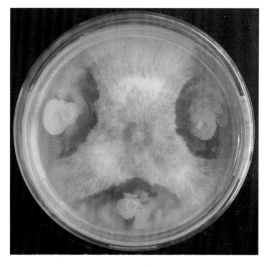

彩图 7-2 拮抗效果图

彩图 8-1 平菇斜面菌种　彩图 8-2 木耳斜面菌种　　　彩图 8-3 平菇栽培种

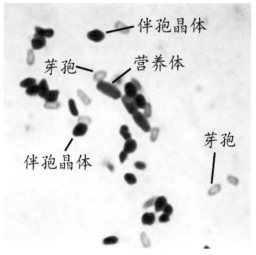

彩图 8-4 平菇子实体　　　　彩图 8-5 苏云金芽孢杆菌的营养体、芽孢
　　　　　　　　　　　　　　　　及伴孢晶体的形态图

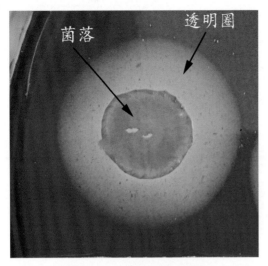

彩图 8-6　纤维素降解菌的
菌落及其形成的透明圈

彩图 8-7　腐熟过程中的稻草秸秆堆

彩图 8-8　接近腐熟时的黑褐色稻草

全国高等农林院校生物科学类
专业"十二五"规划系列教材

# 农业微生物学实验技术

丁延芹 杜秉海 余知和 主编

第2版

Experiment of Agricultural
Microbiology

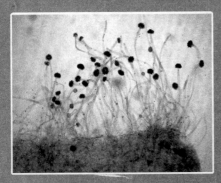

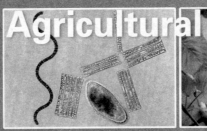

中国农业大学出版社
CHINA AGRICULTURAL UNIVERSITY PRESS

# 内 容 简 介

本书是在第 1 版的基础上精心修改、补充完善而成的。按照实验技术重新修订为 8 个部分,包括微生物学实验准备、微生物形态研究技术、微生物培养技术、微生物分类与鉴定技术、微生物育种技术、免疫学技术、微生物生态学实验技术和农业微生物学应用技术。本书具有以下几个特点:①及时反映了微生物学农业应用前沿的新技术、新方法;②以图片直观展示实验预期结果;③增强了各实验技术之间的实用性和连贯性。

本书适合作为普通高等院校的生物科学类专业、大农学类专业(农学、林学、园艺、植保、资环、食科等专业)学生的实验教材,也可作为从事农业生物产品开发与检验、食品加工和环境保护等技术人员的实用参考书。

**图书在版编目(CIP)数据**

农业微生物学实验技术/丁延芹,杜秉海,余知和主编. —2 版. —北京:中国农业大学出版社,2014.3(2017.1重印)

ISBN 978-7-5655-0900-1

Ⅰ.①农… Ⅱ.①丁… ②杜… ③余… Ⅲ.①农业-应用微生物学-实验技术 Ⅳ.①S182-33

中国版本图书馆 CIP 数据核字(2014)第 022726 号

| | |
|---|---|
| 书　　名 | 农业微生物学实验技术　第2版 |
| 作　　者 | 丁延芹　杜秉海　余知和　主编 |

| | | | |
|---|---|---|---|
| 策划编辑 | 孙　勇　潘晓丽 | 责任编辑 | 韩元凤 |
| 封面设计 | 郑　川 | 责任校对 | 王晓凤　陈　莹 |
| 出版发行 | 中国农业大学出版社 | | |
| 社　　址 | 北京市海淀区圆明园西路 2 号 | 邮政编码 | 100193 |
| 电　　话 | 发行部 010-62818525,8625 | 读者服务部 | 010-62732336 |
| | 编辑部 010-62732617,2618 | 出 版 部 | 010-62733440 |
| 网　　址 | http://www.cau.edu.cn/caup | e-mail | cbsszs @ cau.edu.cn |
| 经　　销 | 新华书店 | | |
| 印　　刷 | 北京时代华都印刷有限公司 | | |
| 版　　次 | 2014 年 4 月第 2 版　　2017 年 1 月第 2 次印刷 | | |
| 规　　格 | 787×1 092　16 开本　10.75 印张　263 千字　彩插 4 | | |
| 定　　价 | 26.00 元 | | |

**图书如有质量问题本社发行部负责调换**

# 全国高等农林院校生物科学类专业"十二五"规划系列教材
## 编审指导委员会
### （按姓氏拼音排序）

| 姓 名 | 所在院校 | 姓 名 | 所在院校 |
|---|---|---|---|
| 蔡庆生 | 南京农业大学 | 刘国琴 | 中国农业大学 |
| 蔡永萍 | 安徽农业大学 | 刘洪章 | 吉林农业大学 |
| 苍 晶 | 东北农业大学 | 彭立新 | 天津农学院 |
| 曹贵方 | 内蒙古农业大学 | 秦 利 | 沈阳农业大学 |
| 陈雯莉 | 华中农业大学 | 史国安 | 河南科技大学 |
| 董金皋 | 河北农业大学 | 宋 渊 | 中国农业大学 |
| 冯玉龙 | 沈阳农业大学 | 王金胜 | 山西农业大学 |
| 郭 蓓 | 北京农学院 | 吴建宇 | 河南农业大学 |
| 郭立忠 | 青岛农业大学 | 吴晓玉 | 江西农业大学 |
| 郭图强 | 塔里木大学 | 殷学贵 | 广东海洋大学 |
| 郭兴启 | 山东农业大学 | 余丽芸 | 黑龙江八一农垦大学 |
| 郭玉华 | 沈阳农业大学 | 张 炜 | 南京农业大学 |
| 李 唯 | 甘肃农业大学 | 赵 钢 | 仲恺农业工程学院 |
| 林家栋 | 中国农业大学出版社 | 赵国芬 | 内蒙古农业大学 |

# 第 2 版编写人员

主　编　丁延芹(山东农业大学)

　　　　杜秉海(山东农业大学)

　　　　余知和(长江大学)

副 主 编　林榕姗(山东农业大学)

　　　　赵现方(河南科技学院)

编写人员　(按姓氏笔画为序)

　　　　丁延芹(山东农业大学)

　　　　卢伟东(青岛农业大学)

　　　　刘丽英(山东农业大学)

　　　　刘　凯(山东农业大学)

　　　　李　利(长江大学)

　　　　余知和(长江大学)

　　　　宋　鹏(河南科技大学)

　　　　杜秉海(山东农业大学)

　　　　林榕姗(山东农业大学)

　　　　赵现方(河南科技学院)

　　　　靳永胜(北京农学院)

# 第1版编写人员

主　　编　杜秉海

副 主 编　贾隽永　李培香　温尚昆

参　　编　（按姓氏笔画为序）

丁立孝　丁志勇　闫培生　李淑环

张万福　姚良同　贾　乐　高秀环

# 出版说明

生物科学是近几十年来发展最为迅速的学科之一,它给人类的生产和生活带来巨大变化,尤其在农业和医学领域更是带来了革命性的变革。生物科学与各个学科之间、生物科学各个分支学科之间的广泛渗透,相互交叉,相互作用,极大地推动了生物科学技术进步。生物科学理论和方法的丰富和发展,在持续推动传统农业和医学创新的同时,其应用领域不断扩大,广泛应用的领域已包括食品、化工、环保、能源和冶金工业等各个方面。仿生学的应用还对电子技术和信息技术产生巨大影响。生物防治、生物固氮等生物技术的应用,极大地改变了农业过分依赖石化工业的局面,继而为自然生态平衡的恢复做出无可替代的贡献。以大量消耗资源为依赖的传统农业被以生物科学和技术为基础的生态农业所替代和转变。新的、大规模的近现代农业将由于生物科学的快速发展而迅速崛起。

生物科学在农业领域中越来越广泛的应用,以及不可替代作用的发挥,既促进了生物科学教育的发展,也为生物科学教育提出了新的更高的要求。农业领域高素质、应用型人才对生物科学知识的需求具有自身独特的使命和特征。作为培养高素质、应用型人才重要途径和方式的农业高等教育亟须探索出符合实际需求和发展的教育教学模式和内容。为此,中国农业大学生物学院和中国农业大学出版社与全国 30 余所高等农林院校合作,在充分汲取各校生物科学类专业教改实践经验和教改成果的基础上,经过进一步集成、融合、优化、提升,凝聚形成了比较符合农林院校教学实际、适应性更好、针对性更强、教学效果更佳的教学理念和教材编写思路,进而精心打造了“全国高等农林院校生物科学类专业‘十二五’规划系列教材”。系列教材覆盖了近 30 门生物科学类专业骨干课程。

本系列教材站在生物科学类专业教育教学整体目标的高度,以学科知识内容关联性为依据,审核确定教材品种和教材内容,通过相关课程教材小规模组合、专家交叉多重审定、编审指导委员会统一把关等措施,统筹解决相关教材内容衔接问题;以统一的编写指导思想因课制宜确定各门课程教材的编写体例和形式。因此,本系列教材主导思想整体归一、各种教材各具特色。

农业是生物科学最早也是应用范围最广的领域,其厚重的实践积累和丰硕成果使得农业高等教育生物科学类专业教学独具特色和更高要求。本系列教材比较好地体现了农业领域生物科学应用的重要成果和前沿研究成就,并考虑到农林院校生源特点、教学条件等,因而具有很强的适用性、针对性和前瞻性。

系列教材编审指导委员会在教材品种的确定、内容的筛选、编写指导思想以及质量把关等环节中发挥了巨大作用。其组成专家具有广泛的院校代表性、学科互补性和学术权威性,以及丰富的教学科研经验。专家们认真细致地工作为系列教材打造成为农林院校生物科学类专业精品教材奠定了扎实的基础,在此谨致深深谢意。

作为重点规划教材,为准确把握教学需求,突出特色和确保质量,教材的策划运行被赋予更为充分的时间,从选题调研、品种筛选、编写大纲的拟制与审定、组织教师编写书稿,直至第一种教材出版至少3年时间,按照拟定计划主要品种的面世需近4年。系列教材的运行经过了几个阶段。第一个阶段,对农林院校生物科学教学现状进行深入的调查研究。2010—2011年,出版社用了近1年的时间,先后多批次走访了近30所院校,与数百位生物科学教学一线的专家和教师进行座谈,深入了解我国高等农林院校生物科学教学的进展状况及存在的问题。第二个阶段,召开教学和教材建设研讨会。2011年12月,中国农业大学生物学院和中国农业大学出版社组织召开了有30余所院校、100余位教师参加的生物教学研讨会,与会代表就农林院校生物科学类专业教学和教材建设问题进行了广泛和深入的研讨,会上还组织参观了中国农业大学生物学院教学中心、国家级生命科学实验教学示范中心以及两个国家重点实验室,给与会代表留下了深刻的印象和较大的启发。第三个阶段,教材立项编写。在广泛达成共识的基础上,有30多所高等农林院校、近500人次教师参加了系列教材的编写工作。从2013年4月起,系列教材将陆续出版,希望这套凝聚了广大教师智慧、具有较强的创新性、反映各校教改探索实践经验与成果的系列教材能够对农林院校生物科学类专业教育教学质量的提高发挥良好的作用。

良好的愿望和教学效果需要实践的检验和印证。我们热切地期待着您的意见反馈。

中国农业大学生物学院
中国农业大学出版社
2013年3月16日

# 第2版前言

在如今生物产业和生物经济快速发展的时代,微生物学发展日新月异,其应用技术在各个领域的作用越来越突出,掌握和了解微生物学实验技术已经成为农学、林学、食品、环保等领域必需的技能。微生物学实验教材版本多,适应面广,但是很难找到一本适合农林院校的教材。本书在第 1 版的基础上,紧密围绕微生物学在农业生产中的应用,强调实验技能的培养,进一步突出农林特色。修订内容如下:

(1)打破第 1 版的布局,全书按照微生物学涉及的实验技术共分 8 个部分。

(2)增加了对相关单独实验之间关系的说明,例如微生物分类与鉴定部分把形态学、生态特征和分子生物学技术等相关的实验项目综合利用,可以对未分类菌种进行鉴定;农业微生物实验技术部分拮抗菌、纤维素降解菌等功能菌种的筛选,可以用于生物有机肥制备的菌种资源,这样增强了该书的实用性和连贯性。

(3)在保留第 1 版实验目的和原理、实验器材、操作步骤和注意事项等内容的基础上,添加预期结果,尽可能用照片或图片说明,增加其直观效果。

(4)为方便学习,突出每一个实验的注意事项,在文中以不同字体进行标记。

(5)增加了现代农业微生物学技术研究方法,例如细菌总 DNA 提取、PCR 技术、RFLP 技术等。

(6)增加了免疫学技术,使内容更加丰富全面。

(7)突出农业微生物学应用技术,增加生物肥料研制等实用技术。

在本书的编写过程中,我们组织了 6 所学校的 11 名教学一线教师,参考国内外多部微生物学实验教材,对杜秉海主编的《微生物学实验》(北京农业大学出版社,1994)进行修订。全书按照实验技术分为 8 个部分:第一部分微生物学实验准备由靳永胜编写;第二部分微生物形态研究技术由林榕姗编写;第三部分微生物培养技术由赵现方编写;第四部分微生物分类与鉴定技术由刘丽英和丁延芹编写;第五部分微生物育种技术由刘凯编写;第六部分免疫学技术由宋鹏编写;第七部分微生物生态学实验技术由卢伟东编写;第八部分农业微生物学应用技术由李利和余知和编写;全文统稿由丁延芹完成;杜秉海在全书框架拟定中给予合理化建议。

本书大量图片是各位编者精心制作的。各位参加编写的老师在有限的时间内认真负责地完成承担任务,并多次仔细修改,对他们的付出表示衷心感谢!

本书力求达到实用、文字精练、结果直观、突出农业特色等几个特点,但由于编者水平有限,书中难免会有错误和不足之处,敬请各位读者批评指正。

编 者

2013 年 12 月

# 第1版前言

  随着现代生物科学的急速发展,微生物学已渗入各有关学科领域,同时现代化实验手段在微生物学实验技术上也得到广泛的应用,促进了微生物学科的纵深发展,为微生物学实验教学提出了至为迫切的新问题。近年来,国内高等农林院校增设了不少新专业,随之拓宽了微生物学实验教学的领域,为适应不同专业对微生物学实验教学的不同需要,我们深感尽快编著内容较为系统全面、材料较为充实、方法较为先进的实验教材,已是刻不容缓的任务。

  《微生物学实验》共分五部分。第一部分为微生物学实验内容,共 104 个实验,既包括显微镜检技术、制片染色技术、无菌操作技术、纯培养技术及菌种保藏技术等基本操作技术,也安排了微生物生理生化、菌种选育、微生物发酵及微生物监测检验等实际应用技术。可根据不同专业需要取舍。第二部分介绍了显微镜种类、结构、原理,显微摄影的原理和方法及染色剂、染色机制等。第三部分为微生物学实验的准备,包括玻璃器皿的准备,棉塞制作技术,无菌室的设置、设备、灭菌、检查及操作规则等。第四部分介绍了培养基的类型、配制基本过程及设计原则。第五部分介绍了灭菌和消毒的种类、基本原理和方法。

  本书可作为高等农林院校植物生产、环保、食品加工贮藏等专业的微生物学实验教材,也是从事微生物发酵、食品加工、保藏、卫生检验、环保等技术人员的重要工具书。

  本教材在编写过程中,承蒙山东农业大学张鹏图、李旺杰、洪淑梅先生和莱阳农学院蔡德华先生悉心指导,谨在此表示衷心的感谢。

  由于编者水平有限,再加上时间仓促,教材中难免存在某些不足。希望广大读者提出宝贵意见,以便我们作进一步的修订。

编　者<br>
1994 年 6 月

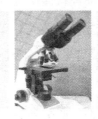

# 目　录

## 第一部分 微生物学实验准备

### 一、简易棉塞制作

在微生物学实验中,培养微生物的试管和三角瓶的瓶口都要加上棉塞。棉塞既可以通气,保证微生物生长有充足的氧气,又可以过滤去除空气中的杂菌,防止培养的微生物受到污染。

棉塞制作的基本要求:棉塞要松紧适度,不能太紧、太松。太紧会影响空气的流通;太松又容易透过杂菌,造成污染。棉塞插入试管口或瓶口的长度要适当,一般为管口直径的1.5倍。

棉塞制作基本方法:将纱布裁剪成适当大小的方块,取一块纱布,将其中心铺于管口任其自然下垂至管外壁,将试管上端与纱布一并握住,然后用一小木棒将纱布中心向管内推进,至该棉塞所需长度后握紧试管上端,用木棒将适量棉花向管内填塞并压紧充实后将纱布尾端敛紧,抽出约1/3长度,散开纱布将棉塞尾部加适量棉花并压紧使之略大于试管,再敛紧尾部纱布并用棉线扎紧,剪去多余线头纱布,一个大小和松紧适宜的棉塞制作完毕。

### 二、微生物接种

将微生物接到适于它生长繁殖的人工培养基上或活的生物体内的过程叫作接种。

#### (一)接种工具

在实验室或工厂实践中,用得最多的接种工具是接种环、接种针。由于接种要求或方法的不同,接种针的针尖部常做成不同的形状,有刀形、耙形等之分。有时滴管、吸管也可作为接种工具进行液体接种。在固体培养基表面要将菌液均匀涂布时,需要用到涂布棒(图1-1)。

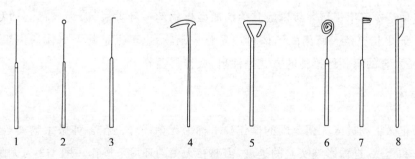

**图 1-1　接种和分离工具**

1.接种针　2.接种环　3.接种钩　4,5.玻璃涂棒　6.接种圈　7.接种锄　8.小解剖刀

1

### (二)接种方法

常用的接种方法有以下几种:

1. 划线接种

这是最常用的接种方法。即在固体培养基表面作来回直线形的移动,就可达到接种的作用。常用的接种工具有接种环、接种针等。在斜面接种和平板划线中就常用此法。

2. 三点接种

在研究霉菌形态时常用此法。此法即把少量的微生物接种在平板表面上,成等边三角形的三点,让它各自独立形成菌落后,来观察、研究它们的形态。除三点外,也有一点或多点进行接种的。

3. 穿刺接种

在保藏厌氧菌种或研究微生物的动力时常采用此法。做穿刺接种时,用的接种工具是接种针。用的培养基一般是半固体培养基。它的做法是:用接种针蘸取少量的菌种,沿半固体培养基中心向管底作直线穿刺,如某细菌具有鞭毛而能运动,则在穿刺线周围能够生长。

4. 浇混接种

该法是将待接的微生物先放入培养皿中,然后再倒入冷却至 45℃ 左右的固体培养基,迅速轻轻摇匀,这样菌液就达到稀释的目的。待平板凝固之后,置合适温度下培养,就可长出单个的微生物菌落。

5. 涂布接种

与浇混接种略有不同,就是先倒好平板,让其凝固,然后再将菌液倒入平板上面,迅速用涂布棒在表面作来回左右地涂布,让菌液均匀分布,就可长出单个的微生物的菌落。

6. 液体接种

从固体培养基中将菌洗下,倒入液体培养基中,或者从液体培养物中,用移液管将菌液接至液体培养基中,或从液体培养物中将菌液移至固体培养基中,都可称为液体接种。

7. 注射接种

该法是用注射的方法将待接的微生物转接至活的生物体内,如人或其他动物中,常见的疫苗预防接种,就是用注射接种,接入人体,来预防某些疾病。

8. 活体接种

活体接种是专门用于培养病毒或其他病原微生物的一种方法,因为病毒必须接种于活的生物体内才能生长繁殖。所用的活体可以是整个动物;也可以是某个离体活组织,例如猴肾等;也可以是发育的鸡胚。接种的方式是注射,或拌料喂养。

## 三、无菌操作

用于防止微生物进入无菌范围的操作技术称为无菌操作。在各种微生物实验中,为了防止杂菌生长和繁殖,进而影响实验的进度,需要在无菌的环境下操作。图1-2为无菌操作间。

### (一)无菌操作原则

(1)环境要清洁,进行无菌操作前半小时,须停止清扫地面等工作。避免不必要的人群流

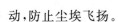

动,防止尘埃飞扬。

(2)执行无菌操作前,先戴帽子、口罩、洗手,并将手擦干,注意空气和环境清洁。

(3)在执行无菌操作时,必须明确物品的无菌区和非无菌区。

(4)夹取无菌物品,必须使用无菌持物钳。

**图 1-2　无菌操作间**

(5)进行无菌操作时,凡未经消毒的手、臂均不可直接接触无菌物品或超过无菌区取物。

(6)无菌物品必须保存在无菌包或灭菌容器内,不可暴露在空气中过久。无菌物与非无菌物应分别放置。无菌包一经打开即不能视为绝对无菌,应尽早使用。凡已取出的无菌物品虽未使用也不可再放回无菌容器内。

(7)无菌包应按消毒日期顺序放置在固定的柜橱内,并保持清洁干燥,与非灭菌包分开放置,并经常检查无菌包或容器是否过期,其中用物是否适量。

(8)无菌盐水及酒精、新洁尔灭棉球罐每周消毒一次,容器内敷料如干棉球、纱布块等,不可装得过满,以免取用时碰到容器外面被污染。

**(二)无菌操作准备工作**

**1. 无菌操作实验所用器皿的清洁**

(1)新购买的玻璃器皿如培养皿应用热肥皂水洗刷,流水冲洗,再用1%～2%盐酸溶液浸泡,以除去游离碱,再用流水冲洗干净,最后用蒸馏水润洗。容量较大的器皿如试剂瓶、烧杯或量具等,经清水洗净后应注入浓盐酸少许,慢慢转动,使盐酸布满容器内壁数分钟后倾出盐酸,再用流水冲洗干净,最后用蒸馏水润洗。

(2)使用过的玻璃器皿像一般试管或容器可先用3%煤酚皂溶液或5%石炭酸浸泡,再煮沸30 min,或用3%～5%漂白粉澄清液浸泡4 h,用流水冲洗干净,最后用蒸馏水润洗。使用过的吸管应集中用3%煤酚皂溶液浸泡24 h,逐支用流水冲洗干净,最后用蒸馏水冲洗。

(3)细菌培养用过的试管和培养皿进行集中后用1 kg/cm² 高压灭菌15～30 min,再用热水洗涤后,用热肥皂水洗刷,流水冲洗干净,最后用蒸馏水润洗。

(4)接种工具的洗涤灭菌方法同上。

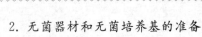

**2. 无菌器材和无菌培养基的准备**

将玻璃器具中的培养皿、培养瓶、试管和吸管等按上述方法洗净烘干后,用一洁净纸包好瓶口并把吸管尾端塞上棉花,装入干净的铝盒或铁盒中,放入 160～170℃ 的干燥箱中干燥灭菌 2 h,取出备用。手术器械、瓶塞、工作服以及培养微生物所用培养基,则采用高压蒸气灭菌法,即压力 103.4 kPa(1.05 kg/cm²),温度 121.3℃,维持 15～30 min 进行高压灭菌。

经高温高压灭菌后的培养基应在室内存放 3～7 d,选择无杂菌污染的培养基进行试验操作。

(注意:不能进行高温高压灭菌的培养基需要使用 0.1 μm 或 0.22 μm 孔径滤膜在无菌超净台进行过滤除菌。或者将培养基中不能高温高压灭菌的试剂或药品在无菌超净台进行过滤灭菌后,添加到经高温高压灭菌后的培养基中。)

**(三)无菌操作技术及注意事项**

(1)实验进行前,无菌室及无菌操作台以紫外灯照射 30～60 min 灭菌,以 70% 乙醇擦拭无菌操作台面,并开启无菌操作台风机运转 10 min 后,才开始实验操作。每次操作只处理一株菌株,即使培养基相同亦不共享培养基,以避免失误混淆或细胞间污染。实验完毕后,将实验物品带出工作台,以 70% 乙醇擦拭无菌操作台面。操作间隔应让无菌操作台运转 10 min 以上,再进行下一个操作。

(2)无菌操作工作区域应保持清洁及宽敞,必要物品如试管架、吸管吸取器或吸管盒等可以暂时放置,其他实验用品用完即应移出,以利于气流流通。实验用品以 70% 乙醇擦拭后才可带入无菌操作台内。实验操作应在台面中央无菌区域,切忌在边缘非无菌区域操作。

(3)小心取用无菌实验物品,避免造成污染。勿碰触吸管尖头部或是容器瓶口,亦不可在打开容器正上方实验操作。容器打开后,用手夹住瓶盖并握住瓶身,倾斜约 45° 角取用,尽量勿将瓶盖盖口朝上放置桌面。

(4)检查无菌操作台内的气流压力,定期更换紫外线灯管及 HEPA 过滤膜,预滤网(300 h/预滤网,3 000 h/HEPA)。

## 四、消毒和灭菌

消毒和灭菌是从事微生物学实验和生命科学研究必需的基本操作,在医疗卫生、食品、环境保护和生物制品等领域也是必不可少的操作环节。消毒(disinfection)是指消灭病原菌和有害微生物或其他非目标微生物的生物体;灭菌(sterilization)则是指杀灭一切微生物的生物体,包括微生物的芽孢和孢子。在微生物实验中,需要对目标微生物进行纯培养,不能有任何的杂菌污染,因此对所用器材、培养基和工作场所都要进行严格的消毒和灭菌。根据不同的试验要求和条件,要选用合适的消毒灭菌方法。常见的灭菌方法主要有以下几种:干热灭菌、高压蒸汽灭菌、物理灭菌和化学灭菌等。

**(一)干热灭菌**

干热灭菌是利用高温或灼烧将微生物杀死达到灭菌目的,包括干热空气灭菌和火焰灼烧灭菌两种方式。

**1. 火焰灼烧灭菌**

火焰灼烧灭菌(incineration)是利用火焰直接把微生物烧死。这种方法灭菌彻底迅速。灼烧灭菌一般适用于接种前后的所用器皿的灭菌,如接种环、试管口、三角瓶口、接种的移液管和滴管外部、金属镊子、玻璃涂布棒、载玻片、盖玻片等。其中镊子、玻璃涂布棒、载玻片、盖玻片等耐热的物品进行灼烧灭菌时,要先将其浸泡在 75% 的酒精溶液中,使用时取出迅速通过火焰灼烧灭菌。

### 2. 干热空气灭菌

干热空气灭菌(hot air sterilization)是利用高温使微生物细胞内的蛋白质凝固变性而达到灭菌目的。干热空气灭菌一般以能否杀死细菌的芽孢作为彻底灭菌的标准。菌体的蛋白质凝固变性温度与菌体的含水量有密切关系,如细菌、霉菌和酵母菌的营养细胞,含水量稍高,一般 50~60℃ 加热 10 min 可使蛋白质凝固杀菌;而含水较少的放线菌、霉菌孢子等需 80~90℃ 加热 30 min 杀菌;细菌的芽孢含水量较低,并含有吡啶二羧酸钙,蛋白质凝固温度在 160~170℃,一般 180℃ 以上,2~3 h 可以杀死芽孢。

干热空气灭菌一般采用电烘箱进行。电烘箱干热空气灭菌的操作步骤如下:

(1)装料　将各种清洁过的玻璃器皿、金属用具等用牛皮纸包好放入电烘箱内。(注意:待灭菌物品放置时不能紧贴烘箱壁,物品堆放不能过于紧密,以免妨碍热空气流通。)

(2)升温　接通电源,打开开关,调节电烘箱的调气阀,排出箱内的冷空气和水汽;调节恒温控制按钮,逐渐升温,待箱内温度升至 100~105℃ 时,旋转调气阀,关闭通气孔。

(3)维持恒温　使电烘箱继续加热,将温度调节到 160℃,用纸包扎或带有棉塞的物品不能超过 170℃,调节恒温调节控制器,保持恒温 2 h。若灭菌的物品过多,堆积过挤,或灭菌的材料体积较大,要适当延长灭菌时间。

(4)降温　灭菌结束,断开电源,让电烘箱自然降温至 60℃ 以下时,才可开箱取出物品。灭菌后的物品使用时再从包装中取出。

(注意:用电烘箱进行干热空气灭菌时一定要注意以下事项:温度上升或下降不能过快,如果箱内有焦煳味产生,应立即切断电源;温度在 60℃ 以上时,严禁随意打开烘箱门;在取、放灭菌物品时,不要触碰电烘箱内的水银温度计,防止打破。)

### (二)高压蒸汽灭菌

高压蒸汽灭菌(high pressure steam sterilization)是湿热灭菌中应用最广泛的一种灭菌方法。在密闭的高压蒸汽灭菌锅中,通过加热,使锅内水沸腾产生水蒸气,当锅内的冷空气被排出后,关闭排气阀,使锅内压力升高,压力增加可以提高水的沸点和水蒸气的温度,使锅内温度达到高于 100℃ 的温度,从而使微生物的蛋白质凝固变性,达到灭菌目的。将待灭菌物品放入高压蒸汽灭菌锅,维持锅内压力达到 0.1 MPa,温度达到 121℃,15~30 min,即可杀死一切微生物及其孢子。

图 1-3 是全自动高压蒸汽灭菌器。

### (三)物理灭菌

物理灭菌是指利用紫外线、过滤等方法杀死或去除微生物的方法,主要有紫外线消毒和过滤除菌。

### 1. 紫外线消毒

紫外线消毒就是利用紫外线灯发射出的波长 200~300 nm 的紫外线杀死微生物。紫外线能诱导微生物基因组 DNA 链上 2 个相邻胸腺嘧啶间形成二聚体,抑制 DNA 的复制;同时紫外线辐射空气能产生臭氧($O_3$),臭氧是强氧化性物质,具有很强的杀菌能力;此外,水在紫外线照射下可以产生 $H_2O_2$ 和 $H_2O_2 \cdot O_3$,也具有杀菌作用。在波长一定的情况下,紫外线的

杀菌效率与紫外线的强度和照射的时间成正比,杀菌能力最强的紫外线波长为256～260 nm。由于紫外线的穿透能力有限,所以紫外线消毒只适用于接种室、超净工作台、无菌培养室、手术室内空气及物体表面的灭菌。紫外线消毒时,紫外灯距离灭菌物体在 1.2 m 以内为宜。

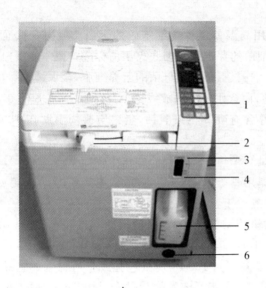

**图 1-3　全自动高压蒸汽灭菌器**
A.全自动高压蒸汽灭菌器:1.控制面板　2.门口锁　3.开启　4.关闭　5.排气瓶　6.导水管
B.控制面板设置:1.开启　2.停止　3.压力表　4.灭菌内腔温度状态　5.灭菌温度、时间、放气阀温度设定等
6.预设多种灭菌及保温程序(灭菌程序、溶解/保温程序、灭菌/保温程序、仪器器皿灭菌程序)

有时为了增强紫外线消毒的效果,在打开紫外灯前,可在需要灭菌的空间里(无菌室、接种箱)喷洒 3%～5% 的石炭酸溶液,这样既可以使空气中的微生物降落,也可杀死一部分细菌。无菌空间内的桌面、凳子等也可先用 2%～3% 的石炭酸溶液擦洗,然后再用紫外线照射,可增强灭菌效果。

(注意:进行紫外线消毒时要切忌照射到人的眼睛和皮肤,以免造成损伤;在紫外线消毒时不能同时开启日光灯或钨丝灯。)

2. 过滤除菌

过滤除菌就是通过机械作用滤去液体或气体中微生物的除菌方法。微生物体积虽然很小,但是也有一定的体积,如细菌,一般直径约 0.5 $\mu m$,长度 0.5～55 $\mu m$,因此使用具有比细菌体积还小的微孔的滤膜过滤液体,就可以除去液体里的微生物。

微孔滤膜的材质主要有混合纤维素滤膜、硝酸纤维素滤膜、醋酸纤维素滤膜、聚偏二氟乙烯滤膜和聚四氟乙烯滤膜、尼龙滤膜等。微孔滤膜的微孔孔径不同,可以过滤去除不同的微生物:如微孔直径 0.15 $\mu m$,可以去除支原体;微孔直径 0.225 $\mu m$;可以除去一般细菌;如果滤膜的微孔直径超过 0.225 $\mu m$,则不能保证除菌效果。

微孔滤膜耐热,可以进行高温高压灭菌,因而可以利用微孔滤膜制作过滤器。过滤器的形式有一次性针头式滤膜过滤器、桶式过滤器等。过滤器(图1-4)一般是由上下 2 个分别具有出口和入口连接装置的塑料盖盒组成,入口处连接针筒,出口可以接针头或不接针头,使用时将滤膜装入两塑料盖盒内,旋进盖盒。当溶液从针筒注入滤器时,各种微生物将被阻留在微孔滤膜上,从而达到除菌的目的(图1-5)。

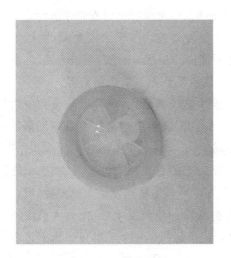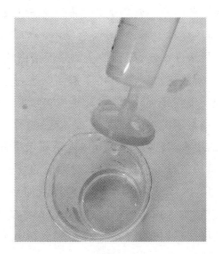

图1-4　无菌过滤器　　　　　　　　　图1-5　无菌过滤操作

过滤除菌不需要高温高压,不会破坏溶液中各种物质的化学成分,因而特别适用于一些热不稳定的、体积量较少及高温下容易被破坏的化学成分的除菌,如酶、血清、细胞生长因子、毒素、尿素、碳酸氢钠、维生素、抗生素、氨基酸等。

3. 超净工作台

超净工作台是无菌操作者进行无菌操作必不可少的设备。其内安装有紫外线灭菌和空气过滤器两种除菌系统。超净工作台的空气过滤系统有两级,安装有两组滤芯结构的过滤器,第一级是粗过滤器(也叫中效过滤器),先除去空气中较大颗粒的尘埃;第二级是超高效过滤器,可以过滤去除空气中的微生物、微粒、烟雾等。超净工作台对于 0.1～0.25 μm 的微生物或尘埃颗粒去除效率为 99.99％ 以上。滤芯上沉积的微生物和尘埃过多时,阻力就会增加,当风阻超过 0.35 MPa 时,就要更换滤芯。

在使用超净工作台时,首先将超净工作台里的多余的物品清理出来,用 70％ 的酒精或 84 消毒液或 0.1％ 的新洁尔灭溶液擦拭超净工作台面。然后打开紫外灯开关,紫外线灯亮,照射 15～20 min 后,关闭紫外灯。同时打开风机开关,工作台就会基本保持无菌状态。在操作期间,一直保持鼓风。工作结束,关闭风机和日光灯,清理出台内的实验用品,擦干净工作台面。

(四)化学灭菌

化学灭菌法是指用化学药品直接作用于微生物而将其杀死的方法。其目的在于减少微生物的数目,以控制一定的无菌状态。

对微生物具有杀灭作用的化学药品称为杀菌剂,杀菌剂仅对微生物繁殖体有效,不能杀灭芽孢,其杀灭效果除了取决于杀菌剂的性质外,还取决于微生物的种类与数量,以及物体表面的光洁度或多孔性等。化学灭菌剂可分为气体灭菌剂和液体灭菌剂。其常用的化学药品根据化学性质可分为以下几种:无机酸、无机碱及无机盐类;汞盐、银盐等重金属盐类;氧化剂类,如过氧化氢、过氧乙酸和臭氧等;氟、氯、漂白粉、碘等卤素及其化合物类;有机化合物类,如酚类、

7

醇类、甲醛、有机酸和一些有机盐等;表面活性剂类,主要有新洁尔灭等;矿物质元素,如硫黄。下面主要介绍实验室常用的乙醇、高锰酸钾和甲醛。

乙醇:乙醇是最常用的消毒剂。乙醇具有脱水作用,并能够使蛋白质变性沉淀。乙醇的杀菌能力与浓度有关系,一般认为70%~75%的浓度最为有效。如果浓度太低,则达不到杀菌效果;如果浓度太高,则会使菌体表面蛋白质变性凝固成一层膜,阻止乙醇进入菌体,起不到杀菌效果。实验室常用75%的乙醇溶液进行手、皮肤以及操作用具的表面消毒。

甲醛:甲醛是强还原剂,对氨基酸和蛋白质的变性有较强活性,甲醛也是经常使用的杀菌剂,一般消毒用的甲醛浓度为37%~40%。0.1%~0.2%的甲醛溶液就能杀死细菌的营养细胞;5%的甲醛溶液在1~2 h内能杀死炭疽杆菌的芽孢。40%的甲醛溶液又称为福尔马林,主要用于熏蒸消毒,能杀死芽孢,对细菌的繁殖体杀灭效果较好。一般熏蒸方法:密闭需要熏蒸的房间,用12.5~25 mL/m³ 甲醛溶液加水 30 mL/m³ 一起加热蒸发。无热源时,可用高锰酸钾 30 g/m³ 加入掺水的甲醛(40 mL/m³),产生高温蒸发。蒸汽发生后,操作人员要迅速撤出房间,关好房门,封闭门缝。熏蒸12~24 h后,打开门窗通风驱散甲醛即可。熏蒸过程中要严防发生火灾。

高锰酸钾:高锰酸钾是一种很强的氧化剂,也是常用的消毒剂。0.1%的高锰酸钾溶液常用于皮肤、玻璃器皿、金属器具、水果、炊具的表面消毒。在酸性溶液中,其氧化作用更强。1%的高锰酸钾溶液和1%的盐酸溶液的混合液可在30 s内杀死炭疽芽孢杆菌的芽孢。

## 五、显微技术

微生物个体微小,一般必须借助显微镜才能观察到它们的个体形态和细胞结构。因此,在微生物学研究中,掌握显微操作技术是研究者必不可少的技能。下面主要介绍几种光学显微镜和电子显微镜的工作原理、结构、样品制备及观察技术。

### (一)显微镜的种类

显微镜的种类很多,根据其结构,一般分为光学显微镜和电子显微镜两大类。光学显微镜包括普通光学显微镜、相差显微镜、微分干涉显微镜、暗视野显微镜、紫外光显微镜、偏光显微镜和荧光显微镜等不同类型显微镜;电子显微镜常用的有投射电子显微镜和扫描电子显微镜。

### (二)显微镜原理及使用

#### A.普通光学显微镜

1. 普通光学显微镜的光学原理

普通光学显微镜(optical microscopy)是最常用的明视野显微镜,其成像原理是通过透镜完成的。显微镜是利用凸透镜的放大成像原理,将人眼不能分辨的微小物体放大到人眼能分辨的尺寸,其主要是增大近处微小物体对眼睛的张角(视角大的物体在视网膜上成像大),用角放大率 $M$ 表示它们的放大本领。显微镜由两个会聚透镜组成,光路图如图1-6所示。物体 AB 经物镜成放大倒立的实像 $A_1B_1$,$A_1B_1$ 位于目镜的物方焦距的内侧,经目镜后成放大的虚像 $A_2B_2$ 于明视距离处。由单透镜构成的放大镜和由几块透镜组成的实体显微镜(解剖镜)称单式显微镜。微生物研究所用的普通光学显微镜是由目镜和物镜两组透镜系统放大成像,也称复式显微镜。

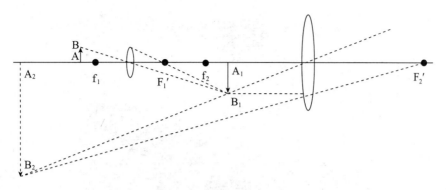

**图 1-6　显微镜光路示意图**

**2. 显微镜的放大倍数**

显微镜放大倍数，是指被检验物体经物镜放大再经目镜放大后，人眼所看到的最终图像的大小对原物体大小的比值，是物镜和目镜放大倍数的乘积。计算显微镜的有效放大倍数的公式为：

$$E \times O = 1\,000 \times NA$$

式中：$E$ 为目镜放大倍数，$O$ 为物镜放大倍数，$NA$ 为数值口径。

目镜的有效放大倍数为：$E = 1\,000 \times NA/O$。

根据上面公式可知，在与物镜的组合中，目镜有效的放大倍数是有限的。过大的目镜放大倍数并不能提高显微镜的分辨率。如用 $90\times$，数值口径 $NA$ 为 1.4 的物镜，目镜的最大放大倍数是 $15\times$。

**3. 显微镜的分辨率**

显微镜的分辨率（resolution）是指显微镜能辨别两点之间最小距离的能力，也称分辨力（resolving power），是评价显微镜质量优劣的重要标准。其最小可分辨距离可称为鉴别限度，用 $R$ 表示。

$$R = \lambda/2NA$$

式中：$\lambda$ 为光波波长，$NA$ 为物镜的数值孔径值。

$$NA = n \cdot \sin\theta$$

式中：$n$ 为介质折射率。当介质为空气时，$n=1$；介质为水时，$n=1.33$；使用油镜时，为减少光线的损失，在物镜与标本之间的介质通常为与玻璃折射率相近的香柏油（玻璃折射率为 $n=1.55$，香柏油折射率 $n=1.515$）。$\theta$ 为物镜最大镜口角的半数，其大小取决于物镜的直径与工作距离，而在实际应用中物镜镜口角最大只能达到 120°。

因此，若以一般高倍镜数值孔径 $NA=0.65$，可见光的平均波长 $\lambda=0.55\ \mu m$ 计算，那么高倍镜能分辨出距离不小于 $0.4\ \mu m$ 的物体，以香柏油作为物镜与标本之间介质的油镜的分辨率却可达到 $0.2\ \mu m$。

**4. 普通光学显微镜的结构**

普通光学显微镜由机械系统和光学系统两大部分组成。如图 1-7 所示。

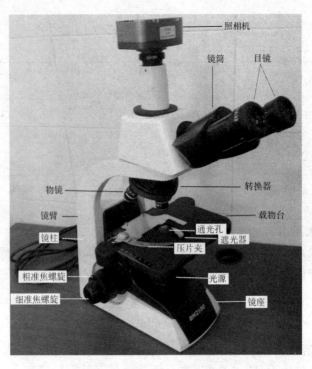

照相机

镜筒 目镜

物镜

转换器

镜臂

载物台

镜柱

通光孔
遮光器

压片夹

粗准焦螺旋

光源

细准焦螺旋

镜座

图 1-7　普通光学显微镜

机械部分通常由镜座、镜臂、镜筒、镜台、物镜转换器和调焦装置等组成。

镜座:即显微镜的基座,具有支撑全镜的作用。

镜臂:支撑镜筒,同时是移动显微镜时手握的部位。镜臂有固定式和活动式两种,活动式镜臂能够改变角度。

镜筒:连接目镜和物镜转换器。

镜台:即载物台,是放置标本的地方。一般为方形或圆形的盘,其中心有一个通光孔,通光孔两侧各有一个标本片夹,移动玻片夹推动器,可使标本前后左右移动,推动器上刻有标尺,能迅速找到标本所在位置。

物镜转换器:安装在镜筒的下端,一般装有 4 个物镜,可通过手动旋转物镜转换器,选择合适的物镜。

调焦装置:用来调节物镜和标本间距离的元器件,通过调节粗调节螺旋和细调节螺旋,可以很清晰地观察到标本。

光学系统主要由目镜(eye piece)、物镜(objective)、聚光镜(condenser)、光源(light source)和滤光片(filter)等组成。

目镜:位于镜筒上端,一般由两块透镜组成,把通过物镜放大的像再次放大。目镜上一般刻有 5×、10×、15×、20× 等放大倍数,可根据需要选择适当的倍数。

物镜:由多块透镜组成,将标本第一次放大,是显微镜中决定成像质量和分辨能力的重要光学元件。一般分为低倍物镜、高倍物镜、油镜三类。油镜放大倍数最高,一般有 90×、95×、100× 等;低倍物镜有 4×、10×、20× 等;高倍物镜有 40×、45× 等。

聚光镜:顾名思义即把平行的光线聚焦在标本上,以增强照明强度。聚光镜由多块透镜组成,安装在镜台下,其附加装置由薄金属片组成的虹彩光圈,通过调整光阑孔径的大小,来调整透进光的强弱,以得到适宜的光强和清晰的图像。

光源和滤光片:显微镜的光源即安装在镜座内部的强光灯泡,是目前的显微镜自带的照明装置。可见光是由各种颜色的光组成,因此聚光镜上可根据标本的颜色,选用适当的滤光片,改变进入聚光镜光线的波长,以提高分辨率,增加影像的反差和清晰度。

5. 普通光学显微镜使用方法

显微镜属于精密仪器,因此在取放时要轻拿轻放,一般左手握着镜臂,右手托住底座,使用时要保证显微镜平稳。

(1)调节光源 没有内置光源的显微镜一般利用自然光、日光灯或者专为显微镜照明而制造的显微镜灯作为光源。切记不能直射日光,直射日光不仅会损坏光源装置和镜头,影响图像的清晰度,而且可能会刺伤眼睛。具有内置光源的显微镜在接通电源后,取下目镜,直接向镜筒内观察,调节聚光器上的孔径光阑,并使其与视野一样大。其目的是使入射光所展开的角度与物镜的镜口角相一致,以最大限度地发挥物镜的分辨力,同时把多余的光挡掉,避免发生干扰,影响清晰度。

(2)放置标本 转动粗调节螺旋,降低载物台,将标本片放在载物台上,注意将有标本的一面朝上放置。用标本夹固定,转动标本移动器螺旋移动标本使其置于物镜下方。

(3)调焦 双眼移向目镜,转动粗调节螺旋,先用低倍镜(4×)观察,直到看到模糊的像,转动细调节螺旋,使物像清晰。如果发现视野太亮,可调节集光器或调节光的强度,切忌随意变动可变光阑。

(4)普通物镜观察 先用低倍镜观察,待在视野中观察到物像后,转动标本移动器螺旋,使此物像置于视野中央。转动物镜调节器,换用高倍镜观察,此时只需轻轻转动细调节螺旋就可观察到清晰物像,进行绘图和观察。

(5)油镜观察 转动粗调节螺旋,使镜筒上升(或镜台下降),在待观察样品区域滴一滴香柏油,转动物镜转换器,选择油镜观察,转动粗调节螺旋,使油镜镜头浸入香柏油中,其调焦和观察同上。图1-8为光镜下物像。

(注意:当使镜头浸入香柏油时,应从侧面观察,避免镜头撞击玻片,以免压破玻片和损坏镜头。)

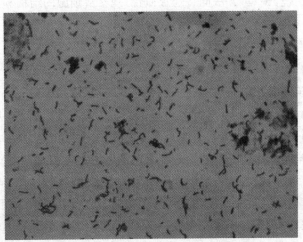

图1-8 普通显微镜40×物镜下芽孢杆菌形态

(6)显微镜复原 观察完毕,上升镜筒,取下载玻片,若使用油镜,先取一张干净的擦镜纸顺着一个方向轻轻擦去镜头上的镜油,然后新取一张干净的擦镜纸蘸取少许二甲苯顺着一个方向轻轻擦去镜头上残留的油迹,最后取一张干净的擦镜纸顺着一个方向轻轻擦去残留的二甲苯。用擦镜纸清洁物镜和目镜,用绸布清洁显微镜的金属部件,将显微镜各部分还原,套上镜罩后放入显微镜柜中。

**B.暗视野显微镜**

1.暗视野显微镜的光学原理

暗视野显微镜(dark field microscopy)是通过特殊的暗视野聚光器,使照明光线改变途径,不直接进入物镜,而是倾斜的照射到样品上,由样品表面的绕射光线再入射到物镜内,产生样品的衍射图像,可在暗视野中见到明亮的物像。所以暗视野显微镜只能看到物体的存在和运动,不能辨清物体的内部结构,因此常在观察活菌的运动或鞭毛时用暗视野显微镜,这是普通显微镜所不具有的功能。

暗视野显微镜的主要结构特点是中央遮光板或暗视野聚光器。

暗视野聚光器主要有折射形和反射形两种类型。折射形主要是自制遮光板,比如在普通聚光器放置滤光片的地方,放一个中心有光挡的小铁环,或者在一圆形玻璃片中央贴一圆形黑纸,都可获得暗视野的效果。放射形暗视野聚光器多为厂家特制。

2.暗视野显微镜的使用方法

(1)取下普通显微镜原有聚光器,把暗视野聚光器装在显微镜的聚光器支架上,上升聚光器,使其透镜顶端与镜台平齐。

(2)选用强光源(一般用显微镜灯照明),且光源的光圈孔要调至最大,再调整反光镜,使光线正好落在反光镜中央。

(3)在聚光器透镜顶端平面上滴一滴香柏油,使标本片载玻片下表面浸入香柏油,避免照明光线在聚光镜上发生全反射。然后用低倍镜对光,升降聚光器,使聚光镜的焦点对准被检物体。

(4)选择相应的物镜,调焦,方法同普通显微镜,观察活细胞的结构和运动情况。

**C.相差显微镜**

1.相差显微镜原理

因为活菌体的内部结构大部分都是透明的,当光线通过它时,光的波长和振幅不会发生变化,因此暗视野显微镜能看到活的微生物细胞轮廓和运动,但无法观察到细胞的内部结构。相差显微镜(phase contrast microscope,PC)利用光波干涉的原理,使同一光线经过折射率不同的介质,其相位(指同一时间光的波动所能达到的位置)发生变化,从而可以转变成人眼可以观察到的振幅差(即明暗差),这样原本透明的细胞内部会因为其内部不同组分间光干涉现象的差异表现为明暗差异,使人们可以较清晰地观察到活细胞及细胞内的细微结构。

相差显微镜与普通显微镜的形状和成像原理相似,其差别主要有以下几个方面:①相差显微镜有专用的相差聚光器,其内环状光阑代替了可变光阑,其上刻有 0、10、20、40、100 等字样,0 表示相当于普通聚光器,没有环状光阑,其余数字表示环状光阑的大小,与相应的相差物镜配合使用。②用带相板的相差物镜(通常标有 PH 或 PC 字样)代替普通物镜。这种相差物镜一般是消色差物镜,只能纠正黄、绿光的球差,而不能纠正红、蓝光的球差,因此在进行微生物活体相差显微镜观察时多采用绿色滤光片。③有一个合轴调节望远镜,在环状光阑和相板合轴调节时,用来观察光轴是否完全一致。

2. 相差显微镜使用方法

(1)相差装置安装　卸下普通光学显微镜的聚光器和物镜,分别换上相差聚光器和相差物镜。同时在光源前聚光镜上放置绿色滤光片。

(2)调焦　打开光源,旋转聚光器转盘刻度至"0"位置,调节光源使视野亮度均匀。用低倍(10×)相差物镜,按普通显微镜操作方法调节亮度及调焦。

旋转聚光器转盘刻度至"10"(与 10× 物镜相适配),旋转环状光阑,使光阑的直径和孔宽与对应的相差物镜相适配。

(3)合轴调整　取出目镜,换上合轴调节望远镜,用左手固定其外筒,一边观察,一边用右手转动望远镜内筒使其升降,对准焦点使环状光阑的亮环和相板的黑环清晰。若双环分离,说明不合轴,调节聚光器上环状光阑的合轴调整旋钮移动亮环使双环合轴。合轴调整完毕,取下合轴调节望远镜,换回目镜,进行观察。

(注意:在使用不同倍率的相差物镜时,每次都要使用与之相对应的环状光阑并重新进行合轴调整。使用油镜时,聚光器上透镜表面与载玻片之间要同时都要加上香柏油,并进行合轴调整。)

**D. 荧光显微镜**

荧光显微镜(fluorescent microscope)广泛应用于微生物检验和免疫学研究,用来区分微生物的死、活或土壤细菌的直接计数等。微生物细胞和细胞内某些成分在紫外光或蓝紫光的照射下会自发的产生荧光,可以直接在荧光显微镜下观察;而自身不能产生荧光的标本,可以通过荧光染料染色后在荧光显微镜下观察。此外由于不同的荧光染料被激发后,其荧光波长存在差异,在荧光显微镜下会显现不同的颜色,所以可以使用多种荧光染料对标本进行标记,以方便对标本某些成分或部位进行定量、定位观察分析。

荧光显微镜光源是紫外光、蓝紫光(不可见光),其观察的物像是由样品被激发后发出的荧光形成的。其基本结构和普通光学显微镜相同,不同的是荧光显微镜在普通显微镜的基础上增加了一些附件,如荧光光源、激发荧光滤光片、双色束分离器和阻断反差滤光片等。

荧光显微镜按其光路和观察标本相对位置可分为透射式和落射式两种。

1. 透射式荧光显微镜

透射式荧光显微镜如图 1-9 所示,其光源光线是通过聚光器(常用暗视野聚光器,也可用普通聚光器)穿过标本材料来激发荧光。优点是使用低倍镜时荧光强,随着放大倍数增加荧光减弱,因此适合观察体积较大的标本材料。缺点是不能用于非透明标本的观察。图 1-10(彩图 1-10)是透射式荧光显微镜下的物像。

(注意:透射式荧光显微镜激发光束必须穿过载玻片,为减少激发光线的损失,观察时应使用石英玻璃载玻片。)

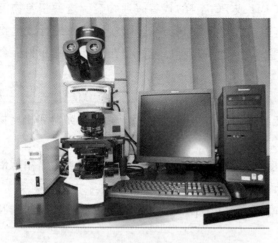

图 1-9　透射式荧光显微镜

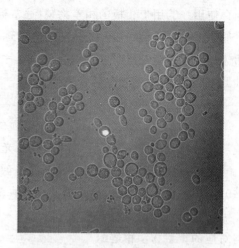

图 1-10　透射式荧光显微镜下酵母
细胞核内绿色荧光蛋白的表达观测

2. 落射式荧光显微镜

　　其激发光路不经过载玻片,而是从物镜向下直接落射到标本表面,即照明聚光器和收集荧光的物镜为同一物镜。光路中有一个双色束分离器,其镜面与光轴呈 45°夹角,可将短波长的激发光向下反射,通过物镜聚集在标本上,标本所产生的荧光通过物镜,返回到双色束分离器,使激发光和荧光分开,残余激发光被阻断滤镜吸收,以保护观察者的眼睛并降低视野亮度,通过目镜进行观察。

　　目前,荧光显微镜多数为落射式荧光显微镜(图 1-11)。优点是其光源通过物镜落射于标本上,激发产生的荧光通过物镜进入目镜,因此视野照明均匀,放大倍数愈大荧光愈强,成像清晰(图 1-12,彩图 1-12);还可用于非透明标本的观察。

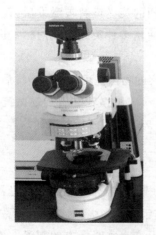

图 1-11　落射式荧光显微镜

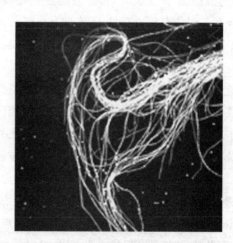

图 1-12　落射式荧光显微镜下绿色荧光
蛋白在一种真菌菌丝里的表达观测

3. 荧光显微镜使用方法

（1）若使用透射式荧光显微镜,则在灯源与聚光器之间装上激发滤片,在物镜后装上相应的阻断滤镜;若使用落射式荧光显微镜则在光路的插槽中插入激发滤片、双色束分离器以及阻断滤镜。

（2）接通电源,预热超高压汞灯直到最亮点。

（3）关闭紫外线光阑,将标本固定于载物台上。打开普通照明电源开关,用低倍镜进行观察、调光。

（4）关闭普通照明电源开关,根据观察需要,选择合适的激发紫外线,打开紫外线光阑,通过紫外线调节光阑调节合适的激发紫外线的强度,调焦,从目镜进行荧光观察。

（注意:在观察时,若未装上滤光片,则不能用眼睛直接观察,以免损伤;高压汞灯关闭后不能立即重新打开,至少 5 min 后才能启动,以免影响汞灯寿命;用油镜观察标本时,必须用无荧光的特殊油镜。）

**E. 电子显微镜**

光学显微镜的分辨率一般要求受检物直径在 0.2 μm 以上,如果要观察亚显微结构或超微结构（小于 0.2 μm 的细微结构称为亚显微结构或超微结构）,就要借用电子显微镜。电子显微镜（electron microscope）是根据电子光学原理,使用波长比可见光短很多的电子束作为光源,使物质的细微结构在非常高的放大倍数下成像,是观察微生物极为重要的仪器。1932 年德国西门子公司 E. Ruska 及其同事发明了以电子束为光源的透射电子显微镜（transmission electron microscopy,TEM）,把人们带进了极微世界的大门,随后人们又相继研究出了扫描电子显微镜（scanning electron microscopy,SEM）、扫描隧道显微镜（scanning tunneling microscopy,STM）以及具有 X 射线微区元素分析功能的分析电镜等。目前,电子显微镜的分辨能力已经达到 0.1~0.2 nm,其放大倍数达 100 万倍,是现代微生物研究的重要工具和手段。这里只介绍常用的透射电子显微镜和扫描电子显微镜。

1. 透射电子显微镜

透射电子显微镜成像原理与光学显微镜基本一样,与之不同的是电子束和电磁透镜代替了光束和光学透镜。当电子束投射到样品上时,由于备检物不同部位结构不同,因而会发生相应的电子散射,如电子束投射到质量大的结构时,电子被散射得多,透过电子数目少,激发荧光屏上的光弱而呈暗像,显现为暗区,称电子密度高;反之,若电子被散射得少,透过电子数目多,激发荧光屏上的光强而呈亮像,显现为亮区,称电子密度低,因此在终像上就会显现人眼可辨别的明暗区域。

（1）工作原理　聚光镜将由电子枪发射出的电子束会聚成一束尖细、明亮而又均匀的光斑,透射到样品室内的样品上;经过物镜聚焦与放大后所产生的物像,投射到荧光屏上或照相底片上,电子影像转化成可见光影像进行观察。

（2）基本结构　电子显微镜由电子照明系统、电磁透镜成像系统、真空系统、记录系统、电源系统 5 部分构成（图 1-13,图 1-14）。

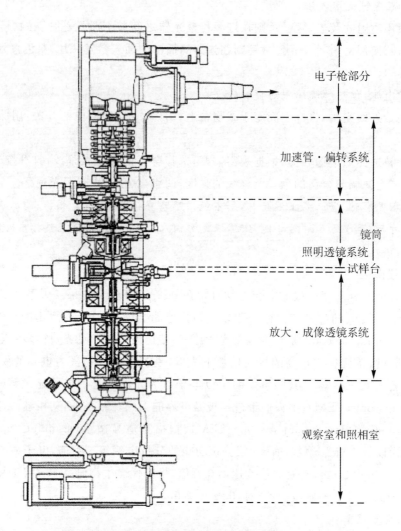

电子枪部分

加速管·偏转系统

镜筒

照明透镜系统
试样台

放大·成像透镜系统

观察室和照相室

图 1-13　透射电子显微镜主体的断面图

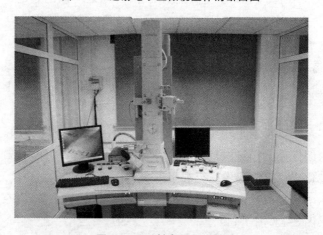

图 1-14　透射电子显微镜

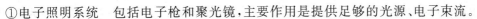

①电子照明系统　包括电子枪和聚光镜,主要作用是提供足够的光源、电子束流。

②电磁透镜成像系统　由样品室、物镜、中间镜和投影镜组成。样品室处于聚光镜之下,内有存放样品的样品台,样品台能够在水平面上 $X$、$Y$ 方向做精确移动,以选择视野,方便观察。现代高档电镜样品室一般由计算机控制,这样样品在移动时更精确,固定时更稳定;同时能由计算机对样品做出标签式定位标记,以方便观察者在做回顾性对照时依靠计算机定位查找。物镜位于样品室下面,紧贴样品台,是电镜中的第一个成像原件,对样品进行第一次成像放大,起到调节焦距的作用。另外,在物镜下方,依次设有中间镜和第 1 投影镜、第 2 投影镜,以共同完成对物镜成像的进一步放大作用。

③真空系统　如果高速电子与镜筒中的残留气体分子相碰撞,就会产生电离放电和散射电子,造成电子束不稳定,污染样品,增加像差。因此电镜镜筒内的真空电子束通道对真空度要求很高,普通电镜工作必须保持在 $10^{-3} \sim 10^{-4}$ Pa 以上的真空度,高性能的电镜对真空度的要求更高,甚至达 $10^{-7}$ Pa 以上。获得高真空是由各种真空泵来共同配合完成的。

④记录系统　一般由观察室、照相室以及 CRT 显示器组成。

⑤电源系统　其电源系统包括变换电路、稳压电路、恒流电路等。

(3)使用方法

①金属网的处理　在透射电子显微镜中,由于采用的光源是电子束,电子不能穿透玻璃,因此只能采用网状玻璃作为载物,一般称为载网。载网因材料和形状的不同分为多种规格,常用的载网是铜质的,称为铜网,一般 200～400 目(孔数)。为了不影响支持膜的质量和样品照片的清晰度,一般载网在使用前要先进行处理。方法如下:先用醋酸戊酯浸泡数小时,然后用蒸馏水冲洗干净,最后将铜网浸在无水乙醇中进行脱水,待用。若此时铜网仍不干净,可用 1：1 稀释的浓硫酸浸泡 1～2 min,或在 1% 的 NaOH 溶液中煮沸数分钟,然后用蒸馏水冲洗数次,再用无水乙醇进行脱水,待用。(注意:铜网一定要清洗干净,以便使支持膜牢固地贴附于铜网上。)

②支持膜的制备　在进行样品观察时,为了不使细小的样品从载网上漏出去,需要在载网上覆盖一层无结构、均匀的薄膜,即支持膜(或载膜)。常用的支持膜有透明塑胶膜(如聚乙烯甲醛膜、火棉胶膜等)、碳膜及金属膜。

火棉胶膜(celloidin membrane)的制备:在洁净的装有定量无菌水的烧杯(或平皿)中,用无菌滴管吸取 2% 的火棉胶醋酸戊酯溶液,滴一滴于其水面中央,静止直到醋酸戊酯蒸发,火棉胶则会因为水的张力在水面上形成一层薄膜,除去此薄膜,重新滴一滴 2% 的火棉胶醋酸戊酯溶液于水面上,重新形成薄膜。(注意:火棉胶膜的厚薄与所滴溶液的量成正比,因此滴液要适量;膜成形后要仔细检查,若膜有褶皱,则弃除,重新制造。)

聚乙烯甲醛膜(formvar membrane)的制备:在一洁净的烧杯中配制好 0.3% 聚乙烯甲醛(溶于二氯乙烷)溶液;将一洁净的玻璃板(约载玻片大小)浸入配好的聚乙烯甲醛溶液中静置片刻(膜的厚度与静置时间长短有关),取出倾斜片刻使溶液挥发,玻璃板上便会形成一层薄膜。用锋利的刀片或针头将形成的膜刻一矩形,然后将玻璃板轻轻斜插进装满无菌水的烧杯中,使膜在水的表面张力下平整的脱离玻璃板并漂浮于水面上。(注意:操作过程中要防风避尘,操作时动作要轻而稳。)

碳膜:碳膜的机械性能和化学稳定性都优于聚乙烯甲醛膜,因此可以在聚乙烯甲醛膜的铜网上喷一层 5～10 nm 厚的碳膜,以增强样品的稳定性,减少样品的漂移。

③转移支持膜到载网上　将处理后的铜网放于制好的膜上，其上再放置一张滤纸，浸透后用镊子将滤纸反转提出水面，将有膜和铜网的一面朝上放在干净平皿中，置于 40℃烘箱烘干，将烘干后的膜小心移到载玻片上，在光学显微镜下用低倍镜挑选完整且厚薄均匀的铜网膜备用。

④制片　可根据被检物的不同采用相应的制片方法。一般有超薄切片法、复型法、冰冻蚀刻法和滴液法等。如观察病毒粒子、细菌形态或生物大分子等多采用滴液法或在滴液法基础上发展起来的类似方法，如直接贴印法、喷雾法等。

⑤电镜观察和记录　将制备好的铜网标本装入样品室内的样品台上进行观察。选择标本上最佳区域进行观察记录、拍照（图 1-15）。

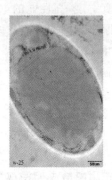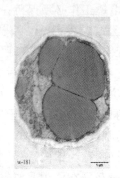

图 1-15　透射电子显微镜下一种植物病原真菌的菌丝截面

**2. 扫描电子显微镜**

扫描电子显微镜（scanning electron microscopy，SEM）（图 1-16），简称扫描电镜，问世于20 世纪 60 年代，具有制样简单、放大倍数变化范围大、图像分辨率高、场深大，图像更立体、真实等特点。常用来观察细胞形态及表面超微形态结构的研究。广泛应用于生物学、医学、冶金学等领域中，促进各学科相关领域的发展。

图 1-16　扫描电子显微镜

（1）工作原理（图 1-17）　与透射电子显微镜不同的是扫描电镜电子束并不透过样品，而是经聚光镜及物镜的汇聚作用缩小成电子探针，电子探针在扫描线圈作用下在样品表面做光栅状扫描，激发出样品表面的次级电子，次级电子发射量随样品表面结构形状而变化，此次级电子信号被探测器收集并转换成电信号，经视频放大被送至显像管栅极。与此同时显像管中的另一电子束在荧光屏上做严格同步光栅状扫描，由此获得相应的电子图像。这种图像是放大的样品表面结构的立体图像，具有更强的真实感。

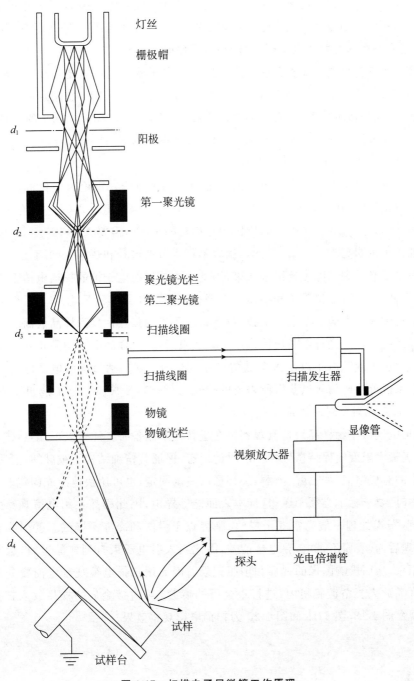

**图 1-17　扫描电子显微镜工作原理**

(2)基本结构　　由真空系统、电子光学系统以及成像系统三大部分组成。

①真空系统　　主要包括真空柱和真空泵两部分。真空柱是一个密封的柱形容器,成像系统和电子束系统均内置在真空柱中,不使用时需要以纯氮气或惰性气体充满整个真空柱,以防止电子束系统中的灯丝在普通大气中迅速氧化而失效,使用时则需要真空,真空柱底端有一个密封室,用于放置样品。真空泵的作用是在真空柱内产生真空。

②电子光学系统　　包括电子枪和电磁透镜,主要作用是产生一束能量分布极窄、电子能量确定的电子束用以扫描成像。电子枪的作用是产生电子,其必要特性是亮度高、电子能量散布小,目前常用主要有场发射式电子枪、钨枪和六硼化镧枪。

目前高分辨率扫描电子显微镜多采用场发射式电子枪。优点是亮度高,且电子能量散布仅为 $0.2\sim0.3$ eV,不需要电磁透镜系统,分辨率高,可达 1 nm 以下;使用寿命长,至少 1 000 h 以上的寿命;缺点是造价极高,且真空的需求也高,一般要求小于 $10^{-10}$ torr 的极高真空。场发射电子枪有冷场发射式(cold field emission,FE)、热场发射式(thermal field emission,TF)和萧基发射式(Schottky emission,SE)3 种。

另一类是利用热发射效应产生电子的钨枪和六硼化镧枪。钨枪因造价低廉,常作为廉价或标准扫描电镜配置,缺点是寿命短,在 $30\sim100$ h,且分辨率低。六硼化镧枪介于场发射电子枪与钨枪之间,寿命 $200\sim1\ 000$ h,价格约是钨枪的 10 倍,需要真空 $10^{-7}$ torr 以上(略高于钨枪),图像比钨枪明亮 $5\sim10$ 倍;但比钨枪容易产生过度饱和和热激发问题。

热发射电子必须利用电磁透镜来成束,因此在用热发射电子枪的扫描电镜上,必须有电磁透镜,通常会装配两组:汇聚透镜和物镜。汇聚透镜位于电子枪之下,作用是汇聚电子束,物镜是位于真空柱中最下方的一个电磁透镜,负责将电子束的焦点汇聚到样品表面。

③成像系统　　电子经过电磁透镜作用汇聚成束后,打到样品上与样品相互作用,产生次级电子、背散射电子、欧革电子以及 X 射线等一系列信号。然后通过次级电子探测器、X 射线能谱分析仪等来区分这些信号以获得所需要的信息。(注意:X 射线信号不能用于成像,但习惯将 X 射线分析系统划分到成像系统中。)

(3)扫描电镜微生物样品制备及观察　　在进行标本制备时要注意以下几点:①在制作样品标本时,为了最大限度地保持微生物生活时的形态,保证其精细结构不被破坏,要采用水溶性、低表面张力的有机溶液(如乙醇、丙酮)进行梯度脱水固定,也可用快速冷冻固定。②用扫描电镜观察标本时,要求标本必须干燥,且标本表面能够导电,因此样品在用电镜观察之前必须进行干燥处理,干燥处理一般有空气干燥法、临界点干燥法和冷冻干燥法。③生物样品经过脱水、干燥处理后,其表面不带电,导电性能差,因此当入射电子束打到样品上时,会在样品表面产生电荷积累,从而影响图像的观察和拍照记录。因此用扫描电镜观察之前要先进行导电处理。可把样品放入真空镀膜机内,进行重金属的喷镀。经过镀金后的样品放入扫描电镜样品室内进行观察图 1-18、图 1-19 和图 1-20 为扫描电镜观察效果。

图 1-18　一种放线菌的菌丝和孢子的扫描电镜观察

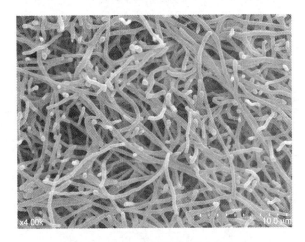

图 1-19　一种放线菌的扫描电镜观察

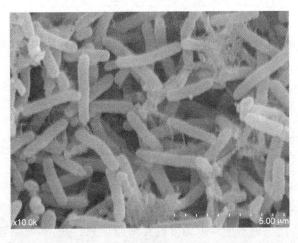

图 1-20　一种芽孢杆菌的扫描电镜观察

# 第二部分

# 微生物形态研究技术

微生物个体极为微小,必须借助显微镜将其放大后才能看见。因此,显微镜是观察研究微生物细胞形态、细胞构造的重要工具之一。显微镜使用技术是认识和研究微生物的基本手段之一。一般微生物细胞的含水量在 80%~90%,因此细胞对光的吸收和反射与水溶液的相差不大,特别在油镜下观察细胞与背景几乎无法分辨,呈现一片透明状态。所以在观察微生物细胞的一般结构与特殊结构时都采用染色法,其目的是通过染料对细胞的附着所产生的与背景较明显的明暗差,使观察容易。

为了研究微生物的形态特征和鉴别不同类群的微生物,微生物的颜色及结构的观察是微生物学实验中非常重要的基本技术。本部分实验内容着重于微生物染色观察技术及培养特征观察,可将其与生理生化技术、分子生物学技术相结合应用到微生物的菌种鉴定中。

## 实验 1 微生物形态观察

### 一、实验目的

1.巩固显微镜使用方法,熟练掌握油镜使用方法。

2.初步认识细菌、放线菌、酵母菌及丝状真菌的形态特征和结构。

3.掌握微生物画图法。

### 二、实验原理

#### (一)细菌基本形态

细菌细胞的外表特征可从形态、大小和细胞间排列方式 3 方面加以描述。细菌基本形态有球状、杆状和螺旋状。

1. 球菌

细胞呈球形或椭圆形。依细胞分裂面的数目和分裂后新细胞的排列方式分为以下六种:①单球菌,细胞分裂后产生的两个子细胞分散开来而单独存在,如脲微球菌(*Micrococcus ureae*);②双球菌,细菌分裂后产生的两个子细胞成对排列,如肺炎双球菌(*Diplococcus pneumoniae*);③四联球菌,细胞按照两个互相垂直分裂面各分裂一次,产生的四个细胞连在一起呈田

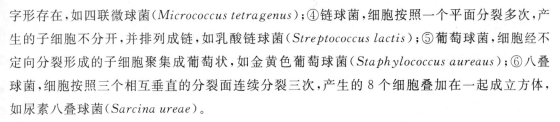

字形存在,如四联微球菌(*Micrococcus tetragenus*);④链球菌,细胞按照一个平面分裂多次,产生的子细胞不分开,并排列成链,如乳酸链球菌(*Streptococcus lactis*);⑤葡萄球菌,细胞经不定向分裂形成的子细胞聚集成葡萄状,如金黄色葡萄球菌(*Staphylococcus aureaus*);⑥八叠球菌,细胞按照三个相互垂直的分裂面连续分裂三次,产生的 8 个细胞叠加在一起成立方体,如尿素八叠球菌(*Sarcina ureae*)。

2. 杆菌

细胞呈杆状或圆柱状。不同杆菌的端部形态各异,一般为钝圆,有的平截或略尖。杆菌的长度与直径的比值差异较大,有些较粗短而接近球状,有些细长而近于丝状。在细菌的三种基本形态中,杆菌的种类最多、作用也最大。

3. 螺旋菌

细胞呈螺旋状,按照弯曲程度和螺旋数目可分为三种:弯曲小于 1 周的为弧菌,如霍乱弧菌(*Vibrio cholerae*);弯曲大于 2 周小于 6 周的为螺菌,如迂回螺菌(*Spirillum volutans*);弯曲大于 6 周的为螺旋体,如苍白密螺旋体(*Treponema pallidum*)。

**(二)放线菌的形态结构**

放线菌为单细胞多分枝的丝状体。链霉菌是典型的放线菌,其细胞呈丝状分枝,菌丝直径很细(<1 μm)。在营养阶段,菌丝内无隔,故一般呈多核的单细胞状态。其孢子在固体基质表面发芽后,会向基质表面和内层扩展,在培养基内部形成大量色浅、较细的具有吸收营养和排泄代谢废物功能的基内菌丝,同时在空间方向分化出颜色较深、直径较粗的气生菌丝。不久,气生菌丝顶端分化形成孢子丝,其含有数量不等的分生孢子。

**(三)酵母菌的形态结构**

酵母为单细胞真核生物,其细胞直径为细菌的 10 倍。细胞形态通常为球状、卵圆状、椭圆状和柱状等。芽殖是酵母菌常见的一种繁殖方式,在良好的营养和生长条件下,酵母菌生长迅速,几乎所有的细胞上都长出芽体,而且芽体上还可以形成新的芽体,于是就形成了呈簇状的细胞团。

**(四)真菌的形态结构**

1. 菌丝

真菌营养体的基本单位是菌丝。菌丝是一种管状细丝,直径一般为 3～10 μm,比细菌和放线菌的细胞约粗几倍到几十倍。根据菌丝中是否存在隔膜,可把真菌菌丝分成两种类型:无隔菌丝和有隔菌丝。无隔菌丝中无隔膜,整团菌丝体就是一个单细胞,其中含有多个细胞核,为一些毛霉属(*Mucor*)和根霉属(*Rhizopus*)等低等真菌所具有的菌丝类型,有隔菌丝中有隔膜,被隔膜隔开的一段菌丝就是一个细胞,菌丝体有多个细胞构成,为曲霉属(*Aspergillus*)和青霉属(*Penicillium*)等高等真菌所具有。

2. 假根

根霉属等低等真菌的菌丝与固体基质接触处分化出来的根状结构,具有固着和吸取营养的功能。形态类似植物根部。

### 三、实验材料

1. 普通光学显微镜、香柏油、镜头纸等。

2. 细菌装片:金黄色葡萄球菌、八叠球菌、大肠杆菌、枯草芽孢杆菌、螺菌。

3. 放线菌装片:灰色链霉菌。

4. 酵母菌:酿酒酵母。

5. 真菌装片:黑曲霉、根霉。

### 四、实验步骤

**(一)细菌基本形态观察**

(1)在油镜下观察金黄色葡萄球菌、八叠球菌装片。注意菌体形态及排列方式。

(2)在油镜下观察枯草芽孢杆菌、大肠杆菌装片。注意菌体大小比较。

(3)在油镜下观察螺菌装片。注意菌体的螺旋。

**(二)放线菌形态结构观察**

在油镜下观察链霉菌装片。注意观察基内菌丝、气生菌丝的分布及粗细,孢子丝的形态、分生孢子。

**(三)酵母菌形态结构观察**

在高倍镜下观察酿酒酵母的形状及出芽方式。

**(四)真菌形态结构观察**

在高倍镜下观察黑曲霉、根霉装片。注意菌丝(形状、有无隔膜)、营养菌丝体的特化形态(假根)。注意黑曲霉的分生孢子梗、顶囊、小梗和分生孢子;根霉的假根、匍匐菌丝等。

### 五、预期结果

预期结果见图 2-1 和图 2-2(彩图 2-2)。

图 2-1　葡萄球菌形态图

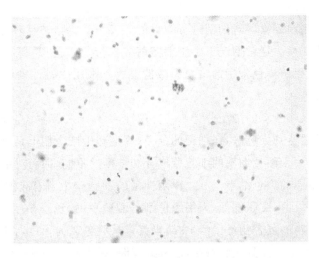

图 2-2　酵母菌形态图

## 六、讨论

1. 如下图绘制出圆形视野,选取具有典型及代表性的微生物绘图,注意形状、结构和排列。绘制时按照所观察到视野实际大小的 5～10 倍描绘(注意:放大倍数的统一,不同菌之间的相对大小差异),使用 HB 铅笔绘制,颜色深的可以用点的密度来表示,不可涂抹。标注方式如右图。

2. 简述油镜使用原理及注意事项。

3. 如何通过显微观察区分细菌、放线菌、酵母菌及真菌?

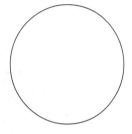

菌　　　名_____
放大倍数_____
特殊结构_____

# 实验 2　细菌的简单染色及革兰氏染色

## 一、实验目的

1. 学习并掌握细菌涂片的制备。

2. 掌握细菌简单染色法和革兰氏染色法。

3. 学习并掌握无菌操作技术,巩固显微镜油镜的使用方法。

4. 了解革兰氏染色法的原理及其在细菌分类鉴定中的重要性。

## 二、实验原理

涂片及染色是微生物的基本技术。由于细菌个体较小,较透明或半透明,如未经染色往往不易观察识别。因此,借助于染色法可以使细菌着色,与视野背景形成鲜明对比,从而易于在

显微镜下进行观察。

简单染色法即只用单一染料对细菌进行染色的一种方法。该方法简便易行,适用于菌体一般形态和排列方式观察。通常情况下由于细菌菌体多带负电荷,易于和带正电荷的碱性染料结合而被染色,因此简单染色常用的染料为碱性染料。常用的碱性染料有美蓝、碱性复红、结晶紫、孔雀绿、番红等。

革兰氏染色法可以将所有的细菌分为革兰氏阳性菌(G$^+$)和革兰氏阴性菌(G$^-$)。该方法是细菌学上一种重要的鉴别染色法,在细菌的分类、鉴定和生产应用上具有重要意义。革兰氏染色法的机理,主要是由于两类细菌的细胞壁成分和结构的不同,因而对结晶紫与碘的复合物渗透性不同,导致了不同的染色结果。革兰氏阴性菌的细胞壁中含有较多易于溶解于酒精的脂类物质,且肽聚糖层较薄、交联度低,当用脱色剂乙醇脱色时,乙醇溶解脂类物质,增加了细胞通透性,使结晶紫与碘的复合物易于渗出,结果细菌被脱色成为无色,番红复染后成为红色。革兰氏阳性菌中的肽聚糖层厚且交联致密,乙醇处理时,因失水而使网孔缩小,同时不含类脂,从而无法使结晶紫与碘的复合物渗出,最终细胞呈紫色。

### 三、实验材料

1. 简单染色法:培养 12~24 h 的浅黄色四联球菌(*Micrococcus tetragenus* Subfiavus)。

2. 革兰氏染色法:培养 8~12 h 的枯草芽孢杆菌(*Bacilllus. subitilis*),培养 24 h 的大肠杆菌(*Escherichia. coli*)。

3. 显微镜、载玻片、酒精灯、接种环、石炭酸复红染液、结晶紫染液、路戈氏(Lugol)碘液、95％乙醇、番红染液、吸水纸、香柏油、擦镜纸、二甲苯。

### 四、实验步骤

#### (一)简单染色

1. 涂片

取一干净的载玻片,加一小滴蒸馏水于载玻片中央。用接种环从菌种试管斜面上挑取少量培养物(注意:按照无菌操作要求进行,不要挑破或取带培养基),置于载玻片上的水滴中,与水混合并轻轻涂布成直径约 1 cm 的均匀薄层(注意:涂片时取材料宜少,涂层宜薄,涂层过厚则不易观察细菌形态)。接种环经灼烧灭菌后放归原处。

2. 干燥

将涂片于室温中自然干燥或者置于酒精灯火焰高处,微温干燥。(注意:不能直接在火焰上烘烤,以免菌体烤焦变形。)

3. 固定

涂片标本面向上,快速通过酒精灯火焰外层 2~3 次,进行固定。(目的在于杀死细菌以固定其细胞结构;保证菌体牢固地黏附在玻片上,染色或水洗时不致脱落;同时改变菌体对染料的通透性,利于着色,增强染色效果。固定时,以玻片背面加热处触及皮肤而不觉过烫为宜。)

4. 染色

标本玻片水平放置,滴加 2~3 滴石炭酸复红染色液覆盖涂片区域,时间 20~30 s。(注意:染色时间视标本和染料的性质而定,如结晶紫染色 1 min,美蓝染色 3~5 min。)

5. 水洗

染色时间到后,倾去染液,斜置玻片,自玻片上端用自来水冲洗至流下的水无色为止。(注意:冲洗的水流不宜过急、过大,同时要避免直接冲在涂片处。)

6. 干燥、镜检

用吸水纸吸去玻片上的水分再晾干(注意:必须勿将菌体抹掉,完全干燥),油镜观察。

## (二)革兰氏染色

1. 涂片

三区涂片法:在一洁净载玻片近两端各滴一小滴蒸馏水,按无菌操作要求,先用接种环取少量枯草芽孢杆菌培养物于玻片左侧水滴中,涂匀后用接种环顺势向玻片中央拉移(注意:不要接触右侧水滴)。接种环经灼烧灭菌冷却后,再取少量大肠杆菌培养物混合于玻片右侧水滴中涂布,涂匀后用接种环再顺势拉向玻片中央,与枯草芽孢杆菌菌液混合。然后,在玻片中央用接种环再进行涂布,使两种菌相互混合(注意:涂片时菌量要适中,涂布应薄而均匀)。如图 2-3 所示。

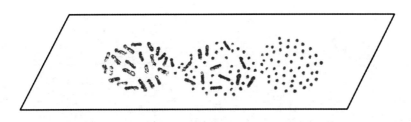

图 2-3　三区涂片示意图

左侧:枯草芽孢杆菌区　中间:两菌混合区　右侧:大肠杆菌区

2. 干燥、固定

涂片自然干燥或微温干燥后,快速通过火焰 2~3 次,进行固定。

3. 染色

(1)初染　滴加结晶紫染液覆盖玻片涂布区,染色 1 min,水洗。

(2)媒染　滴加路戈氏碘液冲去残水,滴加染液覆盖 1 min,水洗。

(3)脱色　甩净载玻片上水分,倾斜玻片,并衬以白纸,用 95% 乙醇滴洗至无紫色褪下为止,时间 20~30 s。立即水洗。(注意:脱色时间是染色关键。脱色时间过长会导致染色结果呈现假阴性,脱色时间不足会导致染色结果呈现假阳性。)

(4)复染　滴加番红染液,染色 3~5 min,水洗。

4. 镜检

玻片干燥,置油镜下进行观察。(注意:观察时以分散开的细菌的革兰氏染色反应为准,过于密集的细菌常常呈假阳性。)

## 五、预期结果

预期结果见图 2-4(彩图 2-4)、图 2-5(彩图 2-5)和图 2-6(彩图 2-6)。

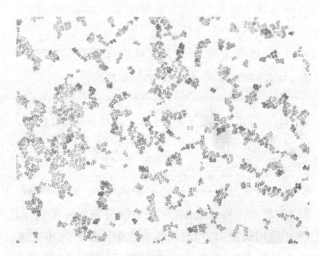

图 2-4　简单染色（四联球菌）

图 2-5　革兰氏染色（大肠杆菌）

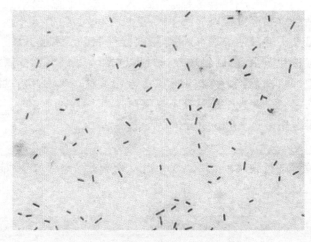

图 2-6　革兰氏染色（枯草芽孢杆菌）

## 六、讨论

1. 按比例绘制出油镜下观察到的细菌形态,并注明菌体颜色、菌名、放大倍数和革兰氏染色结果。

2. 分析影响某一微生物革兰氏染色结果的因素。

# 实验 3　细菌芽孢染色法

## 一、实验目的

1. 学习并掌握芽孢染色方法。

2. 初步了解芽孢杆菌的形态特征及特殊结构。

3. 理解并掌握芽孢染色法的原理。

## 二、实验原理

芽孢是某些细菌在其生长发育后期,在细胞内形成的一个圆形或椭圆形的休眠体。细菌芽孢的有无、形态、大小和着生位置是细菌分类和鉴定中的重要形态学指标。

芽孢染色法是利用细菌的芽孢和菌体对染料亲和力的不同,用不同的染料进行着色,从而使菌体和芽孢呈现不同的颜色。由于细菌的芽孢壁厚而致密、透性低,着色和脱色较困难。因而需在加热的条件下,用着色力强的染料促进标本着色,进入菌体的染料经水洗可脱去,而进入芽孢内的染料难以透出,仍然保留,经复染后,菌体和芽孢即可呈现不同的颜色。

## 三、实验材料

1. 培养 24～36 h 的巨大芽孢杆菌($Bacillus\ megatherium$)或培养 24 h 左右的枯草芽孢杆菌($Bacillus\ subtilis$)。

2. 显微镜、载玻片、试管夹、孔雀绿染液、番红染液、酒精灯、接种环、香柏油、擦镜纸、吸水纸。

## 四、实验步骤

1. 制片

按照常规方法涂片、干燥、固定。

2. 染色

滴加数滴孔雀绿染料于涂片上,用试管夹夹住玻片一端,在酒精灯上微火加热至染料冒蒸汽时开始计时,维持 8～10 min。(注意:在加热过程中要随时添加染料并保持微温,切勿让涂片干涸或染料沸腾。)

3. 水洗

倾去染料,待玻片冷却后,用水冲洗至无绿色褪下为止。

4. 复染

用番红染液复染 2 min,水洗,干燥。

5. 镜检

置油镜下观察。芽孢呈绿色,菌体呈红色。

## 五、预期结果

预期结果见图 2-7(彩图 2-7)。

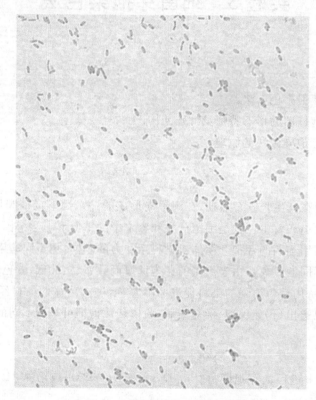

图 2-7　芽孢染色(枯草芽孢杆菌)

## 六、讨论

1. 按比例绘制出油镜下观察到的芽孢细菌形态特征,并注明菌体及芽孢颜色、菌名、放大倍数。

2. 在芽孢染色过程中为什么要加热?

3. 说明芽孢染色法的原理。用简单染色法是否可以观察到细菌的芽孢?

4. 如涂片中观察到的只是大量游离的芽孢,很少看到菌体,你认为这是什么原因?

# 实验 4　放线菌形态的观察

## 一、实验目的

1. 学习并掌握观察放线菌形态的基本方法。
2. 了解放线菌的形态特征。

## 二、实验原理

放线菌是指能够形成分枝丝状体或菌丝体的一类革兰氏阳性细菌。常见的放线菌大多能形成菌丝体,紧贴培养基表面或者生长在培养基内部的菌丝称基内菌丝,由基内菌丝长出培养基外,伸向空间的菌丝称气生菌丝。气生菌丝生长到一定阶段由顶端分化成孢子丝,孢子丝的形状因菌种的不同而异,有直线形、波浪形、螺旋形等。孢子丝断裂后产生成串的或单个的分生孢子,孢子常呈圆形、椭圆形或杆状。基内菌丝和气生菌丝的颜色、孢子丝及分生孢子的形状、大小、颜色等常作为放线菌分类鉴定的重要依据。

为了观察放线菌的形态特征,人们设计了不同的培养和观察的方法,这些方法的本质是为了尽可能保持放线菌自然生长状态下的形态特征。本实验介绍其中几种常用方法。

印片法:将要观察的放线菌菌落或菌苔,先印在载玻片上,然后经染色观察。这种方法主要用于观察气生菌丝、孢子丝的形态、孢子的排列及其形状等。该方法简便易行,适合观察培养基外部生长的菌丝,且形态特征会有所改变。

插片法:将放线菌接种在固体培养基上,然后插入无菌盖玻片后进行培养。放线菌菌丝会沿着培养基表面与盖玻片的交界处生长而附着在盖玻片上。观察时,轻轻取出盖玻片,置于载玻片上直接镜检。该方法可观察到在自然状态下生长的放线菌形态特征,及不同时期的生长状态。

## 三、实验材料

1. 细黄链霉菌("5406"放线菌)(*Streptomyces microflavus*)的琼脂平板培养物。
2. 显微镜、载玻片、盖玻片、接种环、酒精灯、尖头镊子、石炭酸复红染液、香柏油、擦镜纸。

## 四、实验步骤

### (一)印片法

1. 印片

用尖头镊子从细黄链霉菌固体平板上的菌苔(菌落)连同培养基切下一小块,菌面向上放在一载玻片上。另取一洁净载玻片,盖在菌苔(菌落)块上,轻轻按压,使培养物(气生菌丝、孢子丝或孢子)黏附("印")在后一玻片中央。(注意:按压动作要轻,防止琼脂块压碎。竖直方向按压,不要移动位置,以免印痕模糊。)

2. 固定

将印好的载玻片翻转,快速通过火焰 2~3 次,进行固定。

3. 染色

滴加石炭酸复红染液,染色 1 min,水洗,干燥。

4. 镜检

置于油镜下观察。

(二)插片法

1. 倒平板

将熔化并冷却至 50℃ 左右的高氏一号培养基约 20 mL 倒平板,凝固待用。

2. 接种

用接种环挑取菌种斜面培养物在平板上划线接种。(注意:划线要密些,以利插片。)

3. 插片

无菌操作,用灼烧灭菌冷却后的尖头镊子将灭菌的盖玻片以大约 45°倾斜角插入平板(注意:插在接种线上)。插片数量可以根据需要而定。

4. 培养

将插片平板倒置,28℃培养,培养时间根据观察的目的而定,通常 3~5 d。

5. 镜检

用镊子小心取出盖玻片,擦去背面培养物,然后将有菌的一面朝上放在干净的载玻片上,顺盖玻片的放线菌培养线观察,直接镜检。(注意:观察时,宜用略暗光线;先用低倍镜找到适当视野,再换高倍镜观察。)

## 五、预期结果

预期结果见图 2-8(彩图 2-8)。

图 2-8　印片法(细黄链霉菌)

## 六、讨论

1. 按比例绘制出高倍镜下观察到的放线菌形态(印片法、插片法),并注明菌名、基内菌丝、气生菌丝、孢子丝及分生孢子、放大倍数。

2. 印片标本制作过程中应注意哪些事项?

3. 镜检时如何区分气生菌丝和基内菌丝？

4. 试比较印片法和插片法培养和观察放线菌的优缺点。

# 实验5　酵母菌形态观察及死活细胞鉴别

## 一、实验目的

1. 观察酵母菌的形态及出芽生殖方式。

2. 学习并掌握区分酵母菌死活细胞的实验方法。

3. 掌握酵母菌的一般形态特征及其与细菌的区别。

## 二、实验原理

　　酵母菌为不运动的单细胞真核微生物,细胞呈圆形、卵圆形或圆柱形,细胞核与细胞质已有明显分化,菌体较细菌大。其无性繁殖方式主要是芽殖,少数种属(如裂殖酵母属)是裂殖,而有性繁殖是通过接合产生子囊孢子。

　　用美蓝染液可对酵母菌细胞进行死活鉴别。美蓝是一种无毒性染料,它的氧化态呈蓝色,还原态无色。活的酵母细胞,因体内新陈代谢的不断进行,具有一定的还原能力,能将细胞内美蓝从蓝色的氧化态变为无色的还原态。因此,染色后活细胞呈无色,死细胞或代谢作用微弱的衰老细胞则呈蓝色或淡蓝色。(注意:一个活酵母菌的还原能力是一定的,必须严格控制染料的浓度和染色时间。)

## 三、实验材料

1. 培养 24～48 h 的酿酒酵母(*Saccharomyces cerevisiae*)斜面培养物。

2. 显微镜、载玻片、盖玻片、酒精灯、接种环、路戈氏碘液、0.1%吕氏碱性美蓝染液。

## 四、实验步骤

　　1. 水-碘浸片法:酵母细胞形态及无性繁殖方式观察

　　在洁净载玻片中央滴 1 滴路戈氏碘液,然后再在其上加 3 滴蒸馏水,无菌操作,用接种环挑取酿酒酵母少许,放在水-碘液滴中,使菌体与溶液混匀,呈轻度浑浊。加盖洁净盖玻片,制成染色水浸片(注意:加盖盖玻片时勿产生气泡)。高倍镜下观察酵母细胞形状、大小及出芽情况。

　　2. 美兰浸片法:死活酵母的染色鉴别

　　(1)在载玻片中央滴加 1 滴 0.1%吕氏碱性美蓝染液(注意:液滴不可过多或过少,以免盖上盖玻片时,溢出或留有气泡),然后按无菌操作挑取酿酒酵母少许于吕氏碱性美蓝染液中混匀。

　　(2)用镊子夹盖玻片一块,小心地盖在液滴上。(注意:先将盖玻片的一边与液滴接触,然后将整个盖玻片慢慢放下,避免产生气泡。)

（3）将制好的水浸片放置 3 min 后镜检。先用低倍镜观察,然后换用高倍镜观察酿酒酵母的形态和出芽情况,同时可以根据是否染上颜色来区别死、活细胞。

（4）染色 0.5 h 后,再观察一下死细胞数目是否增加。

## 五、预期结果

预期结果见图 2-9(彩图 2-9)。

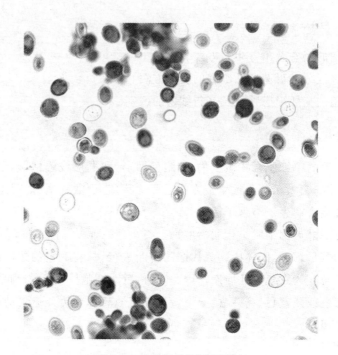

**图 2-9　美蓝浸片(酿酒酵母)**

## 六、讨论

1. 按比例绘制出高倍镜下观察到的酵母菌的形态特征,并注明菌名、颜色、各部分名称及放大倍数。

2. 吕氏碱性美蓝染液作用时间不同对酵母菌死细胞数量有何影响？试分析其原因。

3. 在显微镜下,酵母菌有哪些突出特征区别于一般细菌？

4. 说明死活酵母细胞染色鉴别的原理。

# 实验 6　霉菌形态的观察

## 一、实验目的

1. 学习并掌握观察霉菌形态的基本方法。

2. 了解常见霉菌的基本形态特征。

## 二、实验原理

霉菌的菌丝体呈分枝丝状,宽度一般为 $3\sim10\ \mu m$,分为基内菌丝和气生菌丝。生长到一定阶段时,气生菌丝又可以分化出繁殖菌丝,不同种类霉菌的繁殖菌丝可以形成不同的孢子或子实体。

霉菌菌丝有无隔膜;在外界环境条件改变的情况下,基内菌丝能否分化形成假根、足细胞、吸器等特殊形态;繁殖菌丝及孢子的形态特征是霉菌分类鉴定的重要依据。

## 三、实验材料

1. 曲霉(*Aspergillus* sp.)、青霉(*Penicillum* sp.)和根霉(*Rhizopus* sp.)培养 $2\sim5\ d$ 的固体平板。

2. 显微镜、载玻片、盖玻片、接种环、酒精灯、尖头镊子、接种针、乳酸石炭酸棉蓝染液等。

## 四、实验步骤

### 染色水浸片法

1. 制片

在洁净载玻片上滴加 1 滴石炭酸棉蓝染液,用接种针或尖头镊子从霉菌菌落边缘与中心的交界处挑取少量霉菌菌丝(注意:挑菌和制片时要小心,勿破坏原有菌丝的自然状态),放入棉蓝染液中,小心将菌丝分开,加盖盖玻片。(注意:不要产生气泡。)

2. 镜检

置于低倍镜或高倍镜下观察。注意观察菌丝有无隔膜,有无假根、足细胞等特殊形态。

## 五、预期结果

预期结果见图 2-10(彩图 2-10)、图 2-11(彩图 2-11)和图 2-12(彩图 2-12)。

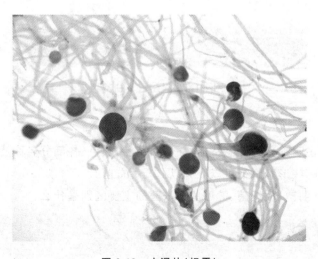

图 2-10　水浸片(根霉)

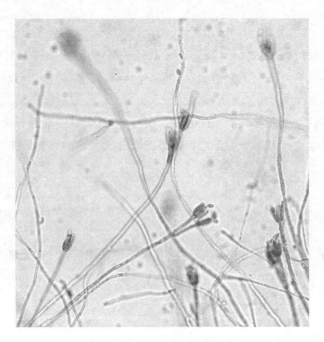

图 2-11　水浸片（青霉）

图 2-12　水浸片（黑曲霉）

## 六、讨论

1. 按比例绘图说明霉菌的形态特征，并注明菌名、颜色、各部分名称及放大倍数。

2. 请说明根据哪些形态特征可以区分以上 3 种霉菌。

3. 在显微镜下，细菌、放线菌、酵母菌和霉菌的主要区别是什么？

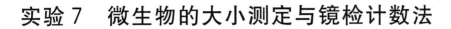

# 实验 7　微生物的大小测定与镜检计数法

## Ⅰ　微生物细胞大小的测定

### 一、实验目的

学习并掌握用测微尺测定微生物大小的方法。

### 二、实验原理

微生物细胞的大小是微生物形态的基本特征,也是分类鉴定的依据之一。由于菌体微小,需要在显微镜下,借助目镜测微尺和镜台测微尺进行测量。

目镜测微尺是一块圆形玻片,在其中央有一条精确的等分刻度,等分成 50 格或 100 格。测量时将其装在目镜中的隔板上,用以测量镜台上经放大后的菌体细胞。由于显微镜放大倍数不同,同一个显微镜在不同目镜物镜组合下,其放大倍数也不同,因此目镜测微尺每格的实际表示的长度随显微镜放大倍数的不同而异。因目镜测微尺上的刻度只代表相对长度,所以在测量前必须用镜台测微尺进行校正,求得在一定放大倍数下实际测量时每格代表的长度。

**图 2-13　目镜测微尺**
5 mm 小尺分为 50 刻度

镜台测微尺是在一块载玻片的中央刻有一条长为 1 mm 精确等分成 100 格,每格长 0.01 mm(10 μm)的尺子。镜台测微尺不直接测量细胞大小,而是用其校正目镜测微尺每格的相对长度。镜台测微尺每格长度固定不变,可以用镜台测微尺的已知长度在一定放大倍数下求出目镜测微尺每格所代表的长度。然后根据微生物细胞相对于目镜测微尺的格数,计算出细胞的实际大小。

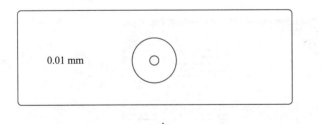
A

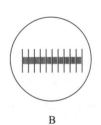
B

**图 2-14　镜台测微尺和镜台测微尺的放大**
A. 镜台测微尺　　B. 镜台测微尺在低倍镜下的放大(每格长为 10 μm)

### 三、实验材料

1. 酿酒酵母(*Saccharomyces cerevisiae*)菌液。
2. 显微镜、目镜测微尺、镜台测微尺、盖玻片、载玻片等。

## 四、实验步骤

### (一)目镜测微尺的校正

取下目镜,将目镜测微尺装入目镜隔板上,刻度面朝下。把镜台测微尺放在载物台上,刻度面朝上。先用低倍镜观察,将镜台测微尺有刻度的部分移至视野中央,并调节焦距,看清镜台测微尺刻度后,转动目镜,使目镜测微尺与镜台测微尺的刻度平行,移动载物台推动器使两尺子靠近,再使尺子上的"0"刻度完全重合,定位后,仔细寻找两尺子第二个完全重合的刻度,计数两重合刻度之间目镜测微尺的格数和镜台测微尺的格数。已知镜台测微尺的刻度每格长10 μm,所以由下列公式可以算出目镜测微尺每格所代表的长度。

$$目镜测微尺每格长度(\mu m) = \frac{两重合线间镜台微尺格数 \times 10}{两重合线间目镜测微尺格数}$$

同法,分别校正高倍镜下和油镜下目镜测微尺每格代表的长度。

### (二)微生物细胞大小测定

(1)取下镜台测微尺。将少量酵母菌液稀释后滴加在洁净的载玻片上,并盖上盖玻片制成水浸片。将水浸片置于载物台上,先用低倍镜找到目的物,然后在高倍镜下用目镜测微尺测量菌体的长和宽。在测量时,可以转动目镜,使目镜测微尺位于酵母细胞的长轴或者短轴上,计数酵母菌菌体各占目镜测微尺几格(不足一格的部分估算到小数点后一位数)。测出的格数乘以目镜测微尺每格所代表的长度,即为酵母菌的实际大小。

(2)一般测量菌体的大小要在同一样品中测定10~20个菌体,算出平均值,即可代表该菌体的大小。

(3)换不同物镜及目镜要重新校正目镜测微尺的每一格所代表的长度。

## 五、预期结果

预期结果见图 2-15。

**图 2-15 目镜测微尺校正时的情况**

## 六、讨论

### 1. 目镜测微尺校正结果

| 镜头倍数(目镜×物镜) | 镜台测微尺格数 | 物镜测微尺格数 | 目镜测微尺每格长度(μm) |
| --- | --- | --- | --- |
|  |  |  |  |
|  |  |  |  |

### 2. 酵母菌大小测定结果

| 菌号 | 1 | 2 | 3 | 4 | 5 | 6 | 7 | 8 | 9 | 10 |
| --- | --- | --- | --- | --- | --- | --- | --- | --- | --- | --- |
| 目镜测微尺格数(长轴) |  |  |  |  |  |  |  |  |  |  |
| 目镜测微尺格数(短轴) |  |  |  |  |  |  |  |  |  |  |
| 菌号 | 11 | 12 | 13 | 14 | 15 | 16 | 17 | 18 | 19 | 20 |
| 目镜测微尺格数(长轴) |  |  |  |  |  |  |  |  |  |  |
| 目镜测微尺格数(短轴) |  |  |  |  |  |  |  |  |  |  |

酵母菌长(μm)＝　　　　　酵母菌宽(μm)＝　　　　　(保留小数点后两位)

### 3. 更换不同放大倍数的目镜或者物镜时,是否需要重新校正目镜测微尺?为什么?

# Ⅱ 微生物细胞数量的测定——镜检计数法

## 一、实验目的

1. 了解血细胞计数板的构造。
2. 学习并掌握血细胞计数板的原理及使用方法。

## 二、实验原理

显微镜直接计数法(镜检计数法)是一种简便、快速的微生物计数方法,适用于各种含单细胞菌体的纯培养悬浮液的计数,如有杂菌或杂质常不易分辨。菌体较大的材料如酵母菌和霉菌孢子可采用血细胞计数板,一般细菌采用彼得罗夫-霍瑟(Petroff Hausser)细菌计数板。两种计数板的原理和部件相同,区别在于血细胞计数板较厚,不能使用油镜,故细菌不易看清;而细菌计数板则较薄,可在油镜下观察。

血细胞计数板是由一块比普通载玻片厚的特制玻片制成(图 2-16)。玻片上有 4 条竖槽将整个玻片分成三个平台,中央一个宽平台,两边为两个窄平台。中央的宽平台又被一短横槽分隔成两半,每一边平台上各刻有一个方格网,每个方格网共分为 9 个大方格,中间的大方格即为计数室。计数室(大方格)的长和宽均为 1 mm,即面积为 1 mm²。血细胞计数板通常有两种规格:一种是把中央这一大格分为 16 中格(区),而每一中格又分成 25 小格,总共 400 小格(图 2-17);另一种是把中央这一大格分成 25 中格(区),而每一中格又分为 16 小格,总共也是400 小格。任何一种规格的计数板,其每个小方格的面积相同,即每个小格的面积为

1/400 mm²，又因每个小格的深度为0.1 mm（因中间平台与盖玻片之间有高度为0.1 mm的高度差），所以其容积为1/4 000 mm³。因此，在使用血细胞计数板直接镜检计数时，要先测定若干个小方格中微生物的数量，求得平均数，再换算为每毫升菌液（或每克样品中）微生物细胞的数量。

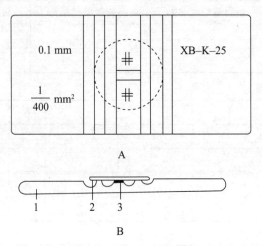

图 2-16　血细胞计数板构造

A.正面图（中间平台划分两半，各刻有一方格网）

B.侧面图（中间平台与盖玻片之间有高度为0.1 mm的间隙）

1.血细胞计数板　2.盖玻片　3.计数室

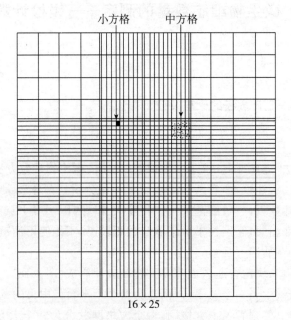

图 2-17　计数网的分区和分格

## 三、实验材料

1. 酿酒酵母（*Saccharomyces cerevisiae*）菌液。
2. 显微镜、血细胞计数板、无菌毛细滴管、无菌生理盐水、盖玻片等。

## 四、实验步骤

1. 制备菌悬液

按照无菌操作的要求，用无菌生理盐水将酿酒酵母菌液制成适当浓度的菌悬液。

2. 计数室清洁

在加样前先对计数板进行镜检，若有污物，需清洗，吹干后才能使用。

3. 加样品

将清洁干燥的血细胞计数板的中央计数区盖上盖玻片，再用无菌的毛细滴管将适当浓度的酿酒酵母菌悬液由盖玻片边缘滴一小滴，让菌液沿缝隙靠毛细渗透作用自动进入计数室，多余菌液用吸水纸吸去。（注意：菌悬液加样使用前需充分摇匀；加样时计数室不可有气泡产生；勿使菌液流到盖玻片及两边平台上。）

4. 计数

加样后静置 3 min，先置低倍镜下观察，找到中央平台上的方格网后，转换高倍镜进行计数。计数时，如用 16×25 规格的计数板，则取计数室中左上、右上、左下、右下的共 4 个中格（4 个角的中格），共 100 个小格的酵母菌计数；如用 25×16 规格的计数板，则取计数室中左上、右上、左下、右下、中央的共 5 个中格（4 个角的中格及中央 1 个中格），共 80 个小格的酵母菌计数。在分别求出 100 个小格或者 80 个小格的酵母菌平均菌数后，按下式计算：

$$每毫升菌液的菌数 = 每小格的平均菌数 \times 4\,000 \times 1\,000 \times 稀释倍数$$

在用细菌计数板进行计数时，由于其每小格深度仅 0.02 mm，因而其容积只有 $1/400 \times 0.02 = 1/20\,000$ mm³，故显微镜测数后，需按下式计算：

$$每毫升菌液含菌量 = 每小格的平均菌数 \times 2\,000 \times 1\,000 \times 稀释倍数$$

在进行观察时，位于格线上的菌体一般只数上线不数下线，数左线不数右线。如遇酵母菌出芽，芽体大小达到母细胞的一半时，即作为两个菌体计数。计数一个样品要从两个计数室中计得平均数值来计算样品的含菌量。

5. 血细胞计数板清洁

使用完毕后，将血细胞计数板用清水冲洗干净，切勿用硬物洗刷，以免损坏计数刻度。洗完后自然晾干，妥善保存。

## 五、预期结果

预期结果如图 2-18 所示。

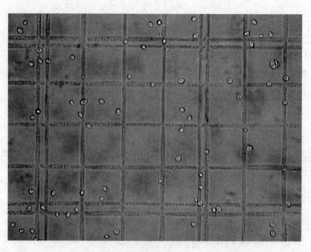

图 2-18 血细胞计数板计数(酿酒酵母)

## 六、讨论

1. 计算每毫升所测样品中的含菌量。
2. 用血细胞计数板测定微生物细胞数量有何优缺点?
3. 请设计 1～2 种可行的方法对某种干酵母粉中的活菌存活率进行测定。

# 实验 8 微生物培养特征的观察

## I 细菌培养特征的观察

### 一、实验目的

1. 了解不同细菌在固体培养基、斜面培养基及液体培养中的生长特征。
2. 进一步熟练和掌握微生物无菌操作技术。

### 二、实验原理

培养特征是指微生物群体在培养基上的形态和生长情况,由于各种细菌在某些鉴别培养基上各自产生固有的菌落形态和生长特征,在细菌分类鉴定工作上可作为一方面依据。细菌培养特征的检验,主要包括平板培养时的菌落特征;斜面培养时的菌苔特征;液体培养时的生长特征。

菌落是由微生物个体在固体培养基上生长繁殖而形成的肉眼可见的群体,在表面生长的叫表面菌落,在培养基中生长的叫埋藏菌落。由于菌落的形状、大小不仅决定于细菌种的不同,同时也受其邻近菌落多少及培养基厚薄的影响。一般情况下,较密集的菌落较小,较分散的菌落较大;长在薄培养基上的菌落较小,而长在厚培养基上的菌落则较大。观察时,应选择分布疏密适中的单个菌落作为对象。菌落形态特征包括菌落的大小、形状(圆形、假根状、不规则状等)、隆起情况(扩展、台状、低凸、凸面等)、边缘(整齐、波状、裂叶状、锯齿状等)、表面光泽

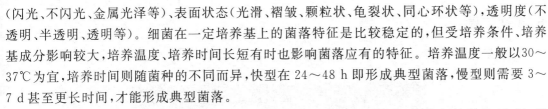

（闪光、不闪光、金属光泽等）、表面状态（光滑、褶皱、颗粒状、龟裂状、同心环状等）、透明度（不透明、半透明、透明等）。细菌在一定培养基上的菌落特征是比较稳定的，但受培养条件、培养基成分影响较大，培养温度、培养时间长短有时也影响菌落应有的特征。培养温度一般以30～37℃为宜，培养时间则随菌种的不同而异，快型在24～48 h即形成典型菌落，慢型则需要3～7 d甚至更长时间，才能形成典型菌落。

斜面菌苔特征的观察，要划直线接种，经培养3～6 d后观察，记录其生长程度（良好、微弱、不生长等）、菌苔形状（线状、小刺状、念珠状、扩散状、根状、树状等）、菌苔隆起情况（扁平、苔状、突起等）、表面性状、表面光泽、透明度等方面情况。

细菌液体培养特征，是指在澄清过滤灭菌后的液体培养基中生长时所表现的不同性状。一般于适温下培养1～7 d后观察培养物的生长情况（菌膜、菌环、浑浊、沉淀等），以及有无气泡、气味和培养液有无颜色等。

## 三、实验材料

1. 枯草芽孢杆菌（*Bacillus subtilis*）、大肠杆菌（*Escherichia coli*）、蕈状芽孢杆菌（*Bacillus mycoids*）、普通变形杆菌（*Proteus vulgaris*）、金黄色小球菌（*Micrococcus aureus*）、白色葡萄球菌（*Staphylococcus albus*）的无菌生理盐水悬液各1支。

2. 牛肉膏蛋白胨培养基（固体、液体）。

3. 接种环、无菌吸管、无菌培养皿、酒精灯等。

## 四、实验步骤

**（一）菌落特征观察**

（1）取无菌培养皿6套，于皿盖上分别标明菌名、组号、时间。

（2）按无菌操作的要求，将已熔化冷却至50℃左右的牛肉膏蛋白胨固体培养基分别倒入6套培养皿中，均匀散开，静置，自然冷却凝固，制成平板。

（3）再按无菌操作要求，用接种环分别取上述各菌菌悬液少许，分别在平板上划线。（注意：勿划破培养基平板。）

（4）适温培养，分别于24、48、72、96 h后观察记录菌落特征，注意其形状、大小、颜色、光泽、透明度、表面状况等情况，填入后面的表中。

**（二）菌苔特征观察**

（1）取牛肉膏蛋白胨琼脂斜面6支，分别标明菌名、组号、时间。

（2）按无菌操作要求，用接种环分别取上述各菌菌悬液少许，自斜面下部向上划直线接种。（注意：不要划破培养基。）

（3）适温培养，分别于24、48、72、96 h后观察记录菌苔特征，注意其丰厚程度、表面性状、边缘情况、颜色、黏稠度、透明度等。将结果填入后面的表中。

**（三）液体培养特征观察**

（1）取牛肉膏蛋白胨液体试管6支，分别标明菌名、组号、时间。

（2）按无菌操作要求，用接种环分别取上述各菌菌悬液少许，分别接种于液体培养基内。

（3）适温培养，分别于24、48、72、96 h后观察液体培养物是否产膜、浑浊、环状或沉淀，将结果填入后面的表中。

### 五、预期结果

枯草芽孢杆菌菌落特征见图 2-19（彩图 2-19）。

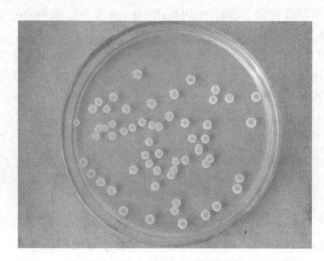

图 2-19 枯草芽孢杆菌菌落

### 六、讨论

1. 将观察到的细菌菌落特征、菌苔特征及液体培养特征填入后面的表中。

| 菌名 | 培养温度/℃ | 培养时间/h | 菌落特征 | | | | | | |
|---|---|---|---|---|---|---|---|---|---|
| | | | 形状 | 大小 | 边缘 | 表面 | 干燥或湿润 | 透明度 | 颜色 |
| 枯草芽孢杆菌<br>（*Bacillus subtilis*） | | | | | | | | | |
| 大肠杆菌<br>（*Escherichia coli*） | | | | | | | | | |
| 蕈状芽孢杆菌<br>（*Bacillus mycoids*） | | | | | | | | | |
| 普通变形杆菌<br>（*Proteus vulgaris*） | | | | | | | | | |
| 金黄色小球菌<br>（*Micrococcus aureu*） | | | | | | | | | |
| 白色葡萄球菌<br>（*Staphylococcus albus*） | | | | | | | | | |

| 菌名 | 菌苔特征 | | | | | | |
|---|---|---|---|---|---|---|---|
| | 丰厚度 | 边缘 | 黏性 | 透明度 | 光泽 | 颜色 | 气味 |
| 枯草芽孢杆菌<br>（*Bacillus subtilis*） | | | | | | | |
| 大肠杆菌<br>（*Escherichia coli*） | | | | | | | |

续表

| 菌名 | 菌苔特征 | | | | | | |
|---|---|---|---|---|---|---|---|
| | 丰厚度 | 边缘 | 黏性 | 透明度 | 光泽 | 颜色 | 气味 |
| 蕈状芽孢杆菌 (*Bacillus mycoids*) | | | | | | | |
| 普通变形杆菌 (*Proteus vulgaris*) | | | | | | | |
| 金黄色小球菌 (*Micrococcus aureu*) | | | | | | | |
| 白色葡萄球菌 (*Staphylococcus albus*) | | | | | | | |

| 菌名 | 液体培养特征 | | | | |
|---|---|---|---|---|---|
| | 产膜 | 浑浊 | 沉淀 | 环状 | 产气 |
| 枯草芽孢杆菌（*Bacillus subtilis*） | | | | | |
| 大肠杆菌（*Escherichia coli*） | | | | | |
| 蕈状芽孢杆菌（*Bacillus mycoids*） | | | | | |
| 普通变形杆菌（*Proteus vulgaris*） | | | | | |
| 金黄色小球菌（*Micrococcus aureu*） | | | | | |
| 白色葡萄球菌（*Staphylococcus albus*） | | | | | |

# Ⅱ 放线菌菌落特征的观察

## 一、实验目的

了解放线菌在固体培养基中的生长特征。

## 二、实验原理

放线菌菌落初期与细菌相类似,后期形成分生孢子,表面出现粉末状,呈同心圆,辐射状,干燥。菌落与培养基结合紧密,不易挑起,常产生各种色素及特殊气味。识别放线菌菌落,也是放线菌分类鉴定的重要依据。

## 三、实验材料

1. 在高氏一号琼脂平板上培养5～6 d的细黄链霉菌（"5406"放线菌）（*Streptomyces microflavus*）和灰色链霉菌（*Streptomyces griseus*）的培养物。

2. 手持放大镜。

## 四、实验步骤

分别观察平板培养的正面、背面、注意菌落的大小、形状、颜色、气味、干燥或湿润、边缘状况等。菌落特征描述请参考细菌菌落特征描述。

45

### 五、预期结果

预期结果见图 2-20(彩图 2-20)。

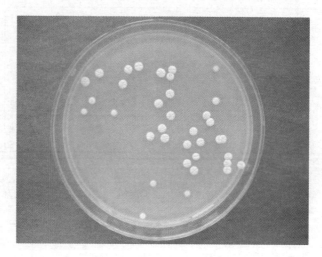

图 2-20　放线菌菌落(5406)

### 六、讨论

1. 描述观察到的放线菌菌落特征。
2. 比较放线菌菌落和细菌菌落的异同点。

## Ⅲ　酵母菌菌落特征的观察

### 一、实验目的

了解酵母菌在固体培养基中的生长特征。

### 二、实验原理

大多数酵母菌形成的菌落与细菌相似,但比细菌的菌落大而且较丰厚。圆形、湿润,具有黏性、不透明、表面光滑、有油脂状光泽、多数白色或乳白色、少数红色。与培养基结合不紧,易被挑起。当培养时间较长时,菌落颜色变暗,有特殊酒香味。

### 三、实验材料

1. 在麦芽汁琼脂平板上培养 48～72 h 的酿酒酵母(*Saccharomyces cerevisiae*)。
2. 在麦芽汁琼脂平板上培养 48～72 h 的解脂假丝酵母(*Candida lipoytica*)。
3. 在麦芽汁琼脂平板上培养 48～72 h 的深红酵母(*Rhodotoula rubra*)。
4. 手持放大镜。

## 四、实验步骤

分别观察 3 种酵母菌的平板培养,注意菌落的正面、背面、大小、形状、颜色、气味、干燥或湿润、边缘状况等。菌落特征描述请参考细菌菌落特征描述。

## 五、预期结果

酿酒酵母菌落特征见图 2-21(彩图 2-21)。

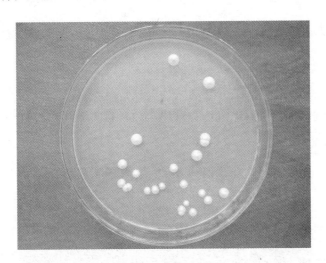

图 2-21  酵母菌菌落

## 六、讨论

1. 描述观察到的酵母菌菌落特征。
2. 比较酵母菌菌落和细菌菌落的异同点。

# Ⅳ  霉菌菌落特征的观察

## 一、实验目的

了解霉菌在固体培养基上的生长特征。

## 二、实验原理

霉菌菌丝比放线菌宽几倍至十几倍,分枝多,生长快,通常以扩散方式向四周蔓延故形成的菌落大而疏松,呈绒毛状或棉絮状或蜘蛛网状,个别呈现同心轮状。一般比细菌菌落大几倍到几十倍。菌落正面或背面,常呈现不同颜色。

霉菌菌落特征,又因培养条件特别是培养基的成分不同而有变化,因此,常用合成培养基培养一定时间后进行观察。

### 三、实验材料

1. 察氏琼脂平板或马铃薯蔗糖琼脂平板上培养 5~7 d 的黑根霉（*Rhizopus nigricans*）、高大毛霉（*Mucor mucedo*）、黑曲霉（*Aspergillus niger*）、米曲霉（*A. oryzae*）、产黄青霉（*Penicillum chrysogenum*）、绿色木霉（*Trichoderma viride*）。

2. 手持放大镜。

### 四、实验步骤

分别观察 6 种霉菌的菌落特征,注意菌落的正面、背面、大小、形状、颜色、气味、干燥或湿润、边缘状况等。

### 五、预期结果

图 2-22(彩图 2-22)、图 2-23(彩图 2-23)和图 2-24(彩图 2-24)分别为米曲霉、黑曲霉和青霉菌落特征。

图 2-22　米曲霉菌落

图 2-23　黑曲霉菌落

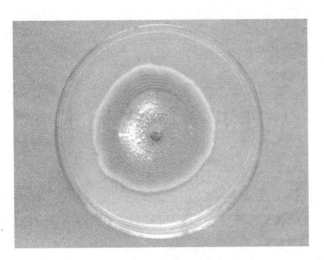

图 2-24　青霉菌落

# 六、讨论

1. 将观察结果记录到表中。

| 菌名 | 外观形状 | 大小 | 表面 | 菌丝长短 | 颜色 | |
|---|---|---|---|---|---|---|
| | | | | | 正面 | 背面 |
| 黑根霉 | | | | | | |
| 高大毛霉 | | | | | | |
| 黑曲霉 | | | | | | |
| 米曲霉 | | | | | | |
| 产黄青霉 | | | | | | |
| 绿色木霉 | | | | | | |

2. 比较细菌、放线菌、酵母菌和霉菌菌落在形态、结构、大小等方面的异同。

# 第三部分

# 微生物培养技术

　　微生物的培养，与其他生物的生长相似，都需要合理的营养和适合的环境条件，两者缺一不可。营养物质是微生物从外界环境中吸收而得，它是合成细胞物质的原料，也是进行新陈代谢获取能量的源泉。在实验室，微生物的营养物大多来自培养基。培养基制作是绝大部分微生物学研究和生产的第一步。因此，熟练掌握这一技能十分必要。同样，环境条件对微生物的生长也至关重要。影响微生物生长的环境因子主要有温度、相对湿度、光照、空气和酸碱度。任何一个环境因子出现异常，都会影响微生物的生长。例如，在培养严格厌氧微生物时，对环境中氧分压值的大小要求非常苛刻，当氧分压值大于阈值，微生物就会死亡。

　　微生物培养技术仅仅是其他综合技术的一部分。例如，在微生物的分离纯化中，通过培养获得目的菌；在生产过程中，通过培养获得更多的菌体；进行生物防治时，通过培养使噬菌体侵染病原菌；通过培养，探索微生物群体生长的规律等。

# 实验 9　培养基的制备方法

　　培养基是人工配制的适合微生物生长繁殖或积累代谢产物的营养基质，它为微生物提供充足的水分、碳源、氮源、能源、无机盐和生长因子等。配制培养基是微生物培养、分离、鉴定、保藏或积累代谢产物的必要步骤。

　　自然界中，微生物种类繁多，营养类型多样，加之实验和研究目的不同，所以培养基种类很多，分类方法也比较复杂。依据原料成分的不同，培养基可以分为天然培养基、合成培养基和半合成培养基；依培养基的物理状态可以把它分为固体培养基、半固体培养基和液体培养基；根据其用途可以分为基础培养基、加富培养基、鉴别培养基和选择培养基。

　　培养基的配置方法基本相似，其基本步骤是称量、熔化、调 pH、分装、包扎、灭菌、检查等。不同类型的培养基配置方法在此基础上稍作变通。本实验将以几种常见的培养基配制为例详细介绍培养基的制备过程。

## I　牛肉膏蛋白胨培养基

**一、实验目的**

1. 学习培养基的配制原理。

2. 掌握牛肉膏蛋白胨培养基的配制方法。

3. 熟悉配制培养基的一般方法和步骤。

## 二、实验原理

牛肉膏蛋白胨培养基是一种应用最广泛和最普遍的细菌增殖培养基。在该培养基中,牛肉膏和蛋白胨为微生物生长提供碳源、氮源、能源、磷酸盐和维生素,NaCl 提供无机盐,琼脂是凝固剂,通常不被微生物分解利用,浓度一般为 1.5%～2.0%。琼脂熔化温度为 96℃,凝固温度 45℃,很适合中低温和部分高温微生物的培养。

牛肉膏蛋白胨培养基的配方如下:

| | |
|---|---|
| 牛肉膏 | 3.0 g |
| 蛋白胨 | 10.0 g |
| NaCl | 5.0 g |
| 琼脂 | 15.0～20.0 g |
| 水 | 1 000 mL |
| pH | 7.4～7.6 |

由于这种培养基多用于培养细菌,因此要用稀酸或稀碱将其 pH 调至微碱性,以利于细菌的生长繁殖。

## 三、实验材料

1. 溶液或试剂:牛肉膏,蛋白胨,NaCl,琼脂,1 mol/L NaOH,1 mol/L HCl。

2. 仪器或其他用具:试管,三角瓶,烧杯,量筒,玻璃棒,培养基分装装置,天平,药匙,高压蒸汽灭菌锅,精密 pH 试纸(pH 5.5～9.0),棉花,报纸或牛皮纸,记号笔,线绳或尼龙绳,纱布等。

## 四、操作步骤

1. 称量

按照培养基配方比例依次称取牛肉膏、蛋白胨、NaCl 放入烧杯中(注意:牛肉膏常用玻璃棒挑取,放在小烧杯或培养皿中称量,用热水溶化后倒入烧杯;蛋白胨易吸潮,在称取时动作要迅速)。严防药品混杂,一把药匙用于一种药品,或称取一种药品后,洗净擦干,再称取另一种药品。称量完毕后,立即盖好瓶盖。(注意:瓶盖不要错盖。)

2. 熔化

在烧杯中先加入略少于所需的水量,在石棉网上加热至沸腾。依次加入药品,用玻璃棒不断搅拌,待其完全溶解后,加入琼脂,继续搅拌至完全熔化,最后补足所损失的水分。在这个过程中必须用玻璃棒不断搅拌,以防止糊锅或溢出。若搅拌不能阻止液体外溢,就需降低加热装置功率。

3. 调 pH

先用精密试纸测量培养基的原始 pH,如果偏酸,用滴管向培养基中逐滴加入 1 mol/L NaOH,边加边搅拌,并随时用 pH 试纸测定,直至 pH 达到 7.6。反之,用 1 mol/L HCl 进行调节。

4．分装

按实验要求,将配制的培养基装入三角瓶或试管内。分装试管时,分装量为试管总长的 $1/5\sim1/4$,灭菌后制成斜面。分装三角瓶的量以不超过三角瓶容积的一半为宜。注意分装速度要迅速,防止培养基凝固;不要将培养基溅到管(瓶)口,以免沾染棉塞而引起污染。

5．加棉塞

培养基分装完毕后,在试管口或三角瓶口塞上棉塞、硅胶塞或试管帽等。棉塞要求松紧适度,既能阻止外界微生物进入而引起污染,又能够保证有良好的通气性能。棉塞过紧则妨碍空气流通,也不利于后期接种操作;过松则达不到滤菌的目的。加塞时,大头朝外,试管内塞入 $2/3$,试管外留 $1/3$。手提棉塞,试管不下落为不松,拔掉棉塞时不发出较大声响为不紧。三角瓶封口可以用棉塞,也可以用封口膜或 8 层纱布重叠而成。

6．包扎

加塞后,取 7 支同样规格的试管(注意:如果试管规格不同,中间 1 支试管一定不能是最细的,否则会出现滑落),棉塞顶端用双层报纸或 1 层牛皮纸覆盖,再用线绳或耐高温橡皮筋扎好。几乎所有的微生物实验都采用活结扎口法,其过程如图 3-1(注意:在实验过程中一般使用棉绳包扎各种瓶口或管口,而不采用尼龙绳,因为灭菌后的尼龙绳容易变脆断裂),所示:首先大拇指按住绳头,绳头朝上;然后顺时针缠在大拇指上,缠绕的绳圈相对大一些以利于最后的打结;从第二圈开始用力把绳子缠绕在三角瓶上,此时请勿再缠绕大拇指;最后左手大拇指按住右手的绳头,右手用力拉另一绳头。这样的活结可以很轻松的解除,有利于后续的实验操作。用记号笔标注名称、组别、配制日期以及其他信息。三角瓶加塞或纱布后直接覆盖双层报纸或 1 层牛皮纸,用同样的方法扎好,若用封口膜封口,可以不加盖报纸和牛皮纸。

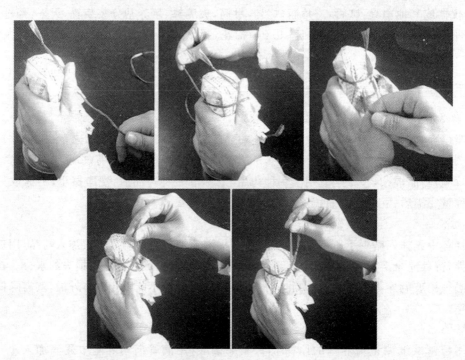

图 3-1　扎口过程

7. 灭菌

将上述培养基在压力 0.11 MPa,温度 121℃条件下灭菌 20~30 min。如因特殊情况不能及时灭菌,则应放入冰箱内暂存,暂存时间不可超过 6 h。

8. 摆放斜面

灭菌结束后,应使压力自然降低至 0 时,打开锅盖,将锅盖错开一条约 10 cm 的缝隙,利用锅体余热将报纸和棉塞烘干,当培养基温度降至 50~60℃时取出,摆放斜面。温度过高时取出,容易在试管内壁形成过多的冷凝水,从而有可能造成污染。将有棉塞的一端搁在玻璃棒或小木条上,倾斜试管,以液体前段不超过试管总长的一半为宜。摆放时需单支试管摆放,不可整把倾斜。

9. 无菌检查

随机抽取几把冷却凝固后的培养基,放在 37℃的温箱中培养 24~48 h,若未发现有杂菌生长,为灭菌合格;反之,为杀菌不彻底,需要重新配置培养基或者采用其他方式处理。

## 五、预期结果

制作成无污染、冷凝水较少、棉塞干燥、斜面长度合适的牛肉膏蛋白胨培养基斜面。

## 六、讨论

1. 培养基配制好之后,为什么必须立即灭菌?
2. 怎样检查灭菌后的培养基是否是无菌的?

# Ⅱ 高氏一号培养基

## 一、实验目的

1. 掌握高氏一号培养基的制备方法。
2. 巩固配制培养基的一般方法和步骤。

## 二、基本原理

高氏一号培养基是分离和培养放线菌的合成培养基。其中,碳源是可溶性淀粉,氮源由 $KNO_3$ 提供,无机盐有 $KNO_3$、$NaCl$、$K_2HPO_4 \cdot 3H_2O$、$MgSO_4 \cdot 7H_2O$。由于磷酸盐和镁盐相混合时产生沉淀,因此,在混合培养基成分时,一般是按配方的顺序依次溶解各成分。

高氏一号培养基配方如下:

| | |
|---|---|
| 可溶性淀粉 | 20.0 g |
| $KNO_3$ | 1.0 g |
| $NaCl$ | 0.5 g |
| $K_2HPO_4 \cdot 3H_2O$ | 0.5 g |
| $MgSO_4 \cdot 7H_2O$ | 0.5 g |
| $FeSO_4 \cdot 7H_2O$ | 0.01 g |
| 琼脂 | 15.0~20.0 g |

53

| | |
|---|---|
| 水 | 1 000 mL |
| pH | 7.4～7.6 |

## 三、实验材料

1. 可溶性淀粉，$KNO_3$，$NaCl$，$K_2HPO_4 \cdot 3H_2O$，$MgSO_4 \cdot 7H_2O$ 和 $FeSO_4 \cdot 7H_2O$，琼脂，1 mol/L NaOH，1 mol/L HCl。

2. 试管，三角瓶，烧杯，量筒，玻璃棒，培养基分装装置，天平，药匙，高压蒸汽灭菌锅，精密 pH 试纸（pH 5.5～9.0），棉花，报纸或牛皮纸，记号笔，线绳或尼龙绳，纱布等。

## 四、操作步骤

1. 称量和熔化：按配方先称取可溶性淀粉，放入小烧杯中，并用少量冷水将淀粉调成糊状，再加入少于所需水量的沸水中，继续加热，使可溶性淀粉完全溶化。再称取其他各成分依次逐一溶解。对微量成分 $FeSO_4 \cdot 7H_2O$ 可先配成高浓度的贮备液后再加入，方法是先在 100 mL 水中加入 1 g 的 $FeSO_4 \cdot 7H_2O$ 配成 0.01 g/mL，再在 1 000 mL 培养基中加入 1 mL 的 0.01 g/mL 的贮备液即可。待所有药品完全溶解后，补充水分到所需的总体积。如要配制固体培养基，则先加入琼脂熔化后再加其他物质。

2. pH 调节、分装、包扎、灭菌及无菌检查各步骤参照"Ⅰ牛肉膏蛋白胨培养基"相应部分。

## 五、预期结果

制作成无污染、冷凝水较少、棉塞干燥、斜面长度合适的高氏一号培养基斜面。

## 六、讨论

1. 什么是合成培养基？高氏一号培养基可以用于培养哪类微生物？
2. 分析高氏一号培养基各种成分的作用。

# Ⅲ　马铃薯葡萄糖培养基

## 一、实验目的

掌握马铃薯葡萄糖培养基的配制方法。

## 二、基本原理

马铃薯葡萄糖培养基是由马铃薯（potato）、葡萄糖（dextrose）和琼脂（agar）（因此常简称为 PDA 培养基）配制而成的半合成培养基，其中马铃薯煮汁可以提供碳源、氮源、无机盐和维生素等，葡萄糖主要作为碳源，琼脂为凝固剂，是一种用来培养真菌的培养基。马铃薯的表皮中含有龙葵碱的化学成分，对菌丝生长有抑制作用，所以马铃薯在使用时要去皮。在 PDA 培养基上大多数真菌都可良好生长。在 PDA 培养基基础上，可以添加一些其他物质，使培养基营养更为丰富和全面，真菌菌丝可以生长得更好。如综合 PDA 培养基就是在 PDA 基础上添加 0.3% 的 $KH_2PO_4$ 和 0.15% 的 $MgSO_4 \cdot 7H_2O$ 以及微量的维生素 $B_1$ 配制而成的。由于多

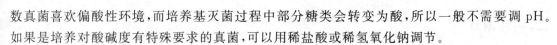
数真菌喜欢偏酸性环境,而培养基灭菌过程中部分糖类会转变为酸,所以一般不需要调 pH。如果是培养对酸碱度有特殊要求的真菌,可以用稀盐酸或稀氢氧化钠调节。

PDA 培养基配方如下:

| | |
|---|---|
| 马铃薯(去皮) | 200.0 g |
| 葡萄糖 | 20.0 g |
| 琼脂 | 15.0～20.0 g |
| 水 | 1 000 mL |
| pH | 自然 |

## 三、实验材料

1. 马铃薯、葡萄糖、琼脂等。

2. 小刀、试管、玻璃棒、铝锅、量筒、培养基分装装置、天平、药匙、纱布、高压灭菌锅等。

## 四、操作步骤

1. 马铃薯煮汁的制备

将马铃薯洗净去皮,称量 200 g,用小刀切成长、宽为 2 cm,厚度为 3～5 mm 的土豆片,要求大小厚薄均匀。在 1 000 mL 水中煮沸 15～20 min,煮至刚好可以捏碎为止。若煮的时间过长,在培养基中含有大量的马铃薯小颗粒沉淀物,影响培养基的质量;反之,不能最大限度地萃取马铃薯中的营养成分。然后用 4～6 层纱布过滤,留滤液,补充水分至 1 000 mL。

2. 葡萄糖和琼脂的称量与熔化

称取 15～20 g 琼脂,加入土豆汁中,继续加热,并不断搅拌,当琼脂充分熔化后,加入葡萄糖,搅拌直至完全熔化。

3. 分装、加棉塞、捆扎、灭菌及检查

各步骤参照"Ⅰ牛肉膏蛋白胨培养基"相应部分。

## 五、预期结果

制作成无污染、冷凝水较少、棉塞干燥、斜面长度合适的 PDA 培养基斜面。

## 六、讨论

1. 什么是半合成培养基?

2. 马铃薯葡萄糖培养基为何适于真菌的培养?

# Ⅳ  马丁氏培养基

## 一、实验要求

1. 掌握马丁氏培养基配制方法。

2. 熟悉选择性培养基的配制原理。

## 二、实验原理

马丁氏(Martin)培养基是一种用来分离真菌的选择性培养基。此培养基是由葡萄糖、蛋白胨、$KH_2PO_4$、$MgSO_4 \cdot 7H_2O$、孟加拉红(玫瑰红,rose Bengal)和链霉素等组成。其中葡萄糖主要作为碳源,蛋白胨主要作为氮源,$KH_2PO_4$ 和 $MgSO_4 \cdot 7H_2O$ 作为无机盐,为微生物提供钾、磷、镁离子。而孟加拉红和链霉素主要是细菌和放线菌的抑制剂,对真菌无抑制作用,因而真菌在这种培养基上可以达到优势生长,从而达到分离真菌的目的。

马丁氏培养基配方如下:

| | |
|---|---|
| $KH_2PO_4$ | 1.0 g |
| $MgSO_4 \cdot 7H_2O$ | 0.5 g |
| 蛋白胨 | 5.0 g |
| 葡萄糖 | 10.0 g |
| 琼脂 | 15.0～20.0 g |
| 水 | 1 000 mL |
| pH | 自然 |

此培养液 1 000 mL 加 1%孟加拉红水溶液 3.3 mL。临用时每 100 mL 培养基中加入 1%链霉素液 0.3 mL。

## 三、实验材料

1. $KH_2PO_4$、$MgSO_4 \cdot 7H_2O$、蛋白胨、葡萄糖、琼脂、孟加拉红、链霉素。

2. 三角瓶、玻璃棒、铝锅、量筒、培养基分装装置、天平、药匙、高压灭菌锅等。

## 四、操作步骤

1. 称量和熔化

按培养基配方,准确称取各成分,并将各成分依次熔化在少于所需要的水量中。待各成分完全熔化后,补足水分到所需体积。再将孟加拉红配成 1%的水溶液,在 1 000 mL 培养液中加入 1%的孟加拉红溶液 3.3 mL,混匀后加入琼脂加热熔化。

2. 分装、包扎、灭菌及无菌检查

各步骤参照"Ⅰ牛肉膏蛋白胨培养基"相应部分。(注意:由于马丁氏培养基是选择性培养基,常用于平板分离或菌种筛选,因此很少制作成斜面。所以与上述 3 种培养基的分装不同,它一般仅分装于三角瓶中。)

3. 链霉素加入

由于链霉素受热容易分解,所以临用时将培养基熔化后待温度降至 45～50℃时才能加入。可先将链霉素溶解到无菌水中配成 1%的溶液,在 100 mL 培养基中加 1%链霉素液 0.3 mL,使培养基链霉素的终浓度为 30 mg/L。

## 五、预期结果

制作成无污染、冷凝水较少、棉塞干燥的马丁氏培养基。

## 六、讨论

1. 什么是选择性培养基？它在微生物学工作中有什么作用？
2. 为什么在配制培养基的时候不加链霉素，而在临用时才加入？
3. 目前医用链霉素已停产。请问可否用青霉素代替链霉素加入到马丁氏培养基中，为什么？

# 实验 10　微生物纯系分离与纯化

## Ⅰ　放线菌的分离与纯化

### 一、实验目的

1. 掌握由土壤中分离稀有放线菌的基本原理和操作技术。
2. 学习并掌握土壤稀释法和微生物的纯培养技术。

### 二、实验原理

筛选放线菌是新抗生素开发研究的重要课题之一。迄今为止，已发现的抗生素有 80% 皆来自于放线菌。放线菌主要存在于土壤中，并在土壤中占有相当大的比例。一般地，放线菌在比较干燥、偏碱性、含有机质丰富的土壤中数量居多。通常，随着地理分布、植被及土壤性质的不同，放线菌的种类、数量和拮抗性也各不相同。土壤是微生物的大本营，其中的放线菌多以链霉菌为主，因此人们通常将除链霉菌以外的其他放线菌统称为稀有放线菌。若以常规方法进行分离，得到的几乎全部是链霉菌。然而，当采用加热处理土样、选用特殊培养基或添加某种抗生素等方法时，均可提高稀有放线菌的获得率。由土壤中分离放线菌的方法很多，其中包括稀释法、弹土法、混土法和喷土法等，本实验主要采用稀释法，并通过选用特殊培养基的方法，来获得少量稀有放线菌。

### 三、实验材料

1. 培养基：高氏一号培养基。
2. 灭菌物品：牛皮纸袋，培养皿，1 mL、5 mL 吸管，250 mL 三角瓶分装 90 mL 无菌水（含 30 粒玻璃珠），18 mm×180 mm 试管分装 9 mL 无菌水，牙签，涂布棒。
3. 其他：采土铲，细目筛，药匙，称量纸，试管架，小天平，记号笔等。

### 四、操作步骤

#### 1. 倒平板

将高氏一号琼脂培养基熔化，待冷至 55～60℃ 时，向高氏一号琼脂培养基中加入 10% 酚数滴。然后倒平板，每种培养基制三皿，其方法是右手持盛培养基的三角瓶，置火焰旁边，左手拿平皿并松动试管塞或瓶塞，用手掌边缘和小指、无名指夹住拔出，如果试管内或三角烧瓶内的培养基一次可用完,则管塞或瓶塞不必夹在手指中。试管(瓶)口在火焰上灭菌,然后左手将培养皿盖在火焰附近打开一缝,迅速倒入培养基约 15 mL,加盖后轻轻摇动培养皿,使培养基均匀分布,平置于桌面上,待冷凝后即成平板。也可将平皿放在火焰附近的桌面上,用左手的食指和中指夹住管塞并打开培养皿,再注入培养基,摇匀后制成平板,最好是将平板放室温2~3d,或 28℃培养 24 h,检查无菌落及皿盖无冷凝水后再使用。

2. 制备土壤稀释液

称取土样 10 g,放入盛 90 mL 无菌水并带有玻璃珠的三角烧瓶中,振摇约 20 min,使土样与水充分混合,将土壤颗粒分散。用一支 1 mL 无菌吸管从中吸取 1 mL 土壤菌悬液注入盛有 9 mL 无菌水的试管中,吹吸三次,使充分混匀。然后再用一支 1 mL 无菌吸管从此试管中吸取 1 mL 注入另一盛有 9 mL 无菌水的试管中,依此类推,制成 $10^{-3}$、$10^{-4}$、$10^{-5}$ 各种稀释度的土壤溶液。

3. 涂布

将上述每种培养基的三个平板底面分别用记号笔写上 $10^{-3}$、$10^{-4}$、$10^{-5}$ 三种稀释度,然后用三支 1 mL 无菌吸管分别由 $10^{-3}$、$10^{-4}$、$10^{-5}$ 三管土壤稀释液中各吸取 0.1 mL 对号放入已写好稀释度的平板中,用无菌玻璃涂布棒在培养基表面轻轻地涂布均匀。

4. 培养

将接种后的平板倒置于 28℃温室中培养 3~5 d。

5. 纯化

待菌落长出后,选中目标菌落。若目标菌落产生了孢子,可以用接种环蘸取孢子,然后在新的高氏一号培养基上划线纯化。若产孢子不明显或不产孢子,则需用接种钩或无菌牙签挑取菌落边缘,并移植于新的高氏一号培养基中央。注意每平皿只能用于纯化 1 个菌。将重新接种后的平皿置于 28℃温室中培养 3~5 d。然后,用显微镜检查菌落是否单纯,若有其他杂菌混杂,就要再一次进行分离、纯化,直到获得纯培养。

6. 保藏

将分离到的目标菌接种于高氏一号培养基斜面上,28℃培养至斜面长满。然后保存于 4℃冰箱中保存备用。

## 五、预期结果

根据菌落特征分离到 1~2 株,经显微镜鉴定为放线菌。

## 六、讨论

1. 如果唯一的一支放线菌菌种受到轻微污染,如何从污染菌种中分离纯化?
2. 为什么将平皿倒置培养?

# II  根瘤菌的分离与鉴定

## 一、实验目的

1. 掌握大豆根瘤菌的分离方法。

2. 明确根瘤菌在作物生长过程中的作用。

## 二、实验原理

根瘤菌($Rhizobia$)是一类广泛分布于土壤中的革兰氏阴性细菌,其侵染豆科植物根部或茎部后形成根瘤或茎瘤,以共生体形式固定空气中的 $N_2$ 为植物可吸收利用的 $NH_4^+$。豆科植物与根瘤菌共生体系具有固氮能力强、固氮量大、抗逆能力强的优点,是生物固氮中效率最高的体系,固氮量约占生物固氮总量的 65%。高效固氮菌的开发与应用可以提高土壤肥力,减少长期使用化学肥料带来的经济和环境压力。

## 三、实验材料

带根瘤的大豆植株、YMA 固体培养基(甘露醇 10 g,酵母粉 3 g,$MgSO_4 \cdot 7H_2O$ 0.20 g,NaCl 0.10 g,$K_2HPO_4$ 0.25 g,$KH_2PO_4$ 0.25 g,pH 7.0,固体琼脂 15.0~20.0 g)、95%乙醇、0.1%升汞、剪刀、镊子、无菌水、接种环、培养皿、烧杯、大豆根瘤菌 15067、人工气候箱、无氮营养液等。

## 四、操作步骤

1. 分离与纯化

从健壮植株的根部剪下根瘤(带部分根),先用 95%乙醇浸泡 5 min,再用 0.1% $HgCl_2$ 表面消毒 5 min,然后用无菌水清洗 10 次,将单个根瘤在无菌条件下用两个载玻片夹破,用接种环蘸取汁液划线接种到 YMA 培养基上,在 28℃的温箱中培养 3~5 d 后,挑取少许菌体观察其形态、大小、透明度、黏稠度、颜色、光泽等特征,将获得的菌体挑入培养基斜面上,继续培养观察,如果菌落无异常,再划线稀释反复分离,直到纯化为止。

2. 根瘤菌鉴别

根瘤菌的菌落为圆形,边缘整齐,一般呈黏液状,透明、半透明或不透明。根瘤菌菌体是多态的,不产芽孢,呈革兰氏阴性反应,在牛肉膏蛋白胨培养基上一般不生长。如果符合这些特征,可做回接实验进一步验证。

3. 回接验证

将分离获得的菌株与相应的大豆品种进行回接鉴定,大豆根瘤菌 15067 进行回接作为结瘤效果的阳性对照,无菌水作为结瘤效果的阴性对照,回接方法采用蛭石双层钵法。将钵体放在温室培养,温度 25~30℃,空气相对湿度 60%,光照强度 5 000 lx,每周浇无氮营养液 100 mL,生长 40 d 后测定每株植物的有效根瘤个数,调查与测定重复 3 次。

## 五、预期结果

分离到 1~2 株可以使大豆产生根瘤的细菌。

## 六、讨论

1. 根瘤是如何形成的?
2. 试述根瘤的形态特征。

# Ⅲ 组织分离法分离植物病原菌

## 一、实验目的

掌握植物病原菌分离培养的一般原则和方法。

## 二、实验原理

植物患病组织内的真菌菌丝体,如果给予适宜的环境条件,除个别种类外,一般都能恢复生长和繁殖。植物病原菌的分离就是指通过人工培养,从染病植物组织中将病原真菌与其他杂菌相分开,并从寄主植物中分离出来,再将分离到的病原菌于适宜环境内纯化,这个过程总称植物病菌的分离培养。植物病原真菌的分离一般都是采用组织分离法,就是切取小块病组织,经表面消毒和灭菌水洗过后,移到人工培养基上培养。植物病原菌的分离培养是农业微生物学实验基本操作技术之一,常用于病害鉴定、病原形态观察、植物病害接种体等方面。

## 三、实验材料

1. 分离材料

新发病的叶子:梨黑斑病(*Alternaria kikuchiana*)、柿树圆斑病(*Pestnlotia* sp.)、杉木炭疽病(*Glomerella cingolata*)等发病叶片。

发病的枝条:杨树烂皮病(*Cytospora chrysosperma*)、国槐腐烂病(*Dothiorella* sp.)等带有新病斑的枝条。

2. 分离用具

酒精灯,剪刀,镊子,PDA 培养基,培养皿,小烧杯(5 mL),大烧杯,斜面培养基,灭菌水,0.1%升汞,5%乳酸,湿、干纱布。

## 四、操作步骤

1. 选材

应选择具有典型症状的新鲜病枝叶作为分离材料,因为新发病的植株、器官或组织作为分离材料,可以减少腐生菌的污染。

2. 消毒

病叶或病枝经无菌水冲洗,从病斑周围 1～2 mm 处的健康组织部位剪下。若为枝干,将带有病斑的皮层剥下;若发病部位位于组织内部,则需用手术刀切去表皮和其他健康组织。将发病组织放于无菌烧杯中,并向内加入适量 0.1%升汞溶液,表面消毒 1 min。然后立即用无菌水冲洗 2～3 次。

3. 接种

一手使用无菌镊子夹住无菌水中的组织块,另一手用无菌剪刀将其剪成 2～3 mm 大小的方块,每块组织均应为病健相间组织。用镊子夹取剪好的材料,放入预先制备好的 PDA 培养基平板上,轻轻按压。每皿 4～5 块,排放均匀。

4. 培养

在培养皿上注明分离代号、日期、姓名,将培养皿倒置于25℃培养箱中培养3~5 d。

5. 分离、纯化和保存

挑选由分离材料上长出的典型而无杂菌的菌落,在菌落边缘用挑针挑取带有菌丝的培养基一小块,转入试管斜面培养基中央,于25℃温箱中培养至斜面长满。然后保存于4℃冰箱中保存备用。

## 五、预期结果

分离到相应的致病菌1~2株,经回接试验鉴定,确为致病菌。

## 六、讨论

1. 怎样纯化丝状微生物?
2. 如何依据科赫法则验证分离纯化后的微生物是否为致病菌?

# 实验 11 水中细菌总数的测定

## 一、实验目的

1. 学习水样的采取方法和水样细菌总数测定的方法。
2. 了解平板菌落计数的原则。

## 二、实验原理

本实验应用平板计数技术测定水中细菌总数。由于水中细菌种类繁多,它们对营养和其他生长条件的要求差别很大,不可能找到一种培养基在一种条件下,使水中所有细菌均能生长繁殖,因此,以一定的培养基平板上生长出来的菌落,计算出来的水中细菌总数仅是一种近似值。目前一般是采用普通牛肉膏蛋白胨琼脂培养基。

## 三、实验材料

牛肉膏蛋白胨琼脂培养基,无菌水,灭菌三角瓶,灭菌的带玻璃塞瓶,灭菌培养皿,灭菌吸管,灭菌试管等。

## 四、操作步骤

1. 取样

自来水:先将自来水龙头用火焰灼烧3 min灭菌,再开放水龙头使水流5 min后,以灭菌三角瓶接取水样,以待分析。

池水、河水或湖水:应取距水面10~15 cm的深层水样,先将灭菌的带玻璃塞瓶,瓶口向下浸入水中,然后翻转过来,除去玻璃塞,水即流入瓶中,盛满后,将瓶塞盖好,再从水中取出,最

好立即检查,否则需放入 4℃冰箱中保存,但保存时间不能超过 6 h。

2. 细菌总数测定

(1)自来水

①用无菌吸管吸取 1 mL 水样,注入无菌培养基中。至少做 3 个平行。

②分别倾注约 15 mL 已熔化并冷却到 45～50℃的牛肉膏蛋白胨琼脂培养基,并立即在桌面上作平面旋摇,使水样与培养基充分混匀。

③另取 3 个空的无菌培养皿,加入 1 mL 无菌水,然后将 45～50℃的牛肉膏蛋白胨琼脂培养基 15 mL 注入培养皿中,摇匀,作空白对照。

④培养基凝固后,倒置于 37℃温箱中,培养 24 h,进行菌落计数。

(2)池水、河水或湖水

①稀释水样:取 3 个灭菌空试管,分别加入 9 mL 无菌水。取 1 mL 水样注入第 1 管 9 mL 无菌水内,摇匀,再自第 1 管取 1 mL 至下一管无菌水内,如此稀释到第 3 管,稀释度分别为 $10^{-1}$、$10^{-2}$、$10^{-3}$。稀释倍数看水样污浊程度而定,以培养后平板的菌落数在 30～300 个的稀释度最为合适,若 3 个稀释度的菌数均多到无法计数或少到无法计数,则需继续稀释或减小稀释倍数。一般中等污秽水样,取 $10^{-1}$、$10^{-2}$、$10^{-3}$ 三个连续稀释度,污秽严重的取 $10^{-2}$、$10^{-3}$、$10^{-4}$ 三个连续稀释度。

②自最后 3 个稀释度的试管中各取 1 mL 稀释水加入空的无菌培养皿中,每一稀释度做 3 个培养皿。

③各倾注 15 mL 已熔化并冷却至 45～50℃的牛肉膏蛋白胨琼脂培养基,立即放在桌上摇匀。

④凝固后倒置于 37℃培养箱中培养 24 h,计数。

3. 菌落计数方法

(1)先计算相同稀释度的平均菌落数。若其中一个培养皿有较大片菌苔生长时,则不应采用,而应以无片状菌苔生长的培养皿作为该稀释度的平均菌落数。若片状菌苔的大小不到培养皿的一半,而其余的一半菌落分布又很均匀时,则可将此一半的菌落数乘 2 以代表全培养皿的菌落数,然后再计算该稀释度的平均菌落数。

(2)选取平均菌落数在 30～300 的,当只有一个稀释度的平均菌落数符合此范围时,则以该平均菌落数乘其稀释倍数即为该水样的细菌总数。

(3)若有两个稀释度的平均菌落数均在 30～300,则按两者菌落总数之比值来决定。若其比值小于 2,应采取两者的平均数;若大于 2,则取其中较小的菌落总数。

(4)若所有稀释度的平均菌落数均大于 300,则应按稀释度最高的平均菌落数乘以稀释倍数。

(5)若所有稀释度的平均菌落数均小于 30,则应按稀释度最低的平均菌落数乘以稀释倍数。

(6)若所有稀释度的平均菌落数均不在 30～300,则以最接近 300 或 30 的平均菌落数乘以稀释倍数。

计算菌落总数方法举例(表 3-1)。

**表 3-1 菌落总数计算方法例表**

| 例次 | 不同稀释度的平均菌落数 | | | 两个稀释度菌落数之比 | 菌落总数(cfu/mL)* |
| --- | --- | --- | --- | --- | --- |
| | $10^{-1}$ | $10^{-2}$ | $10^{-3}$ | | |
| 1 | 1 365 | 164 | 20 | — | $1.6 \times 10^4$ |
| 2 | 2 760 | 295 | 46 | 1.6 | $3.8 \times 10^4$ |
| 3 | 2 890 | 271 | 60 | 2.2 | $2.7 \times 10^4$ |
| 4 | 多不可计 | 1 650 | 513 | — | $5.1 \times 10^5$ |
| 5 | 27 | 11 | 5 | — | $2.7 \times 10^2$ |
| 6 | 多不可计 | 305 | 12 | — | $3.1 \times 10^4$ |

\* 四舍五入法保留小数点后一位数字;注意:最后计数的单位不是"个/mL"而是"cfu/mL"。

## 五、预期结果

把检测结果填写到标准检测报告中。

1. 自来水

样品编号:×××　　　　　　样品类型:水样　　　　　　样品状态:×××

样品名称:自来水　　　　　　检测性质:评定检测　　　　来样方式:×××

依据标准:GB/T 5750.12—2006　检测人:×××　　　　　检测日期:×××

| 平板编号 | 菌落数 | 自来水中细菌总数/(cfu/mL) |
| --- | --- | --- |
| 1 | | |
| 2 | | |
| 3 | | |

2. 自然水体

样品编号:×××　　　　　　样品类型:水样　　　　　　样品状态:×××

样品名称:×××　　　　　　检测性质:评定检测　　　　来样方式:×××

参考标准:GB/T 5750.12—2006　检测人:×××　　　　　检测日期:×××

| 稀释度 | $10^{-1}$ | | | $10^{-2}$ | | | $10^{-3}$ | | |
| --- | --- | --- | --- | --- | --- | --- | --- | --- | --- |
| 平板编号 | 1 | 2 | 3 | 1 | 2 | 3 | 1 | 2 | 3 |
| 菌落数/cfu | | | | | | | | | |
| 平均菌落数/cfu | | | | | | | | | |
| 稀释度菌落之比 | | | | | | | | | |
| 细菌总数/(cfu/mL) | | | | | | | | | |

## 六、讨论

1. 有同学检测水中细菌数量时发现 $10^{-1}$ 平板上生长了 50 cfu,而在 $10^{-2}$ 平板上生长了

300 cfu。请尝试解释这种现象。

2. 请解释表 3-1 最后一列的数据是如何得来的。

# 实验 12　微生物生长曲线测定

## Ⅰ　大肠杆菌生长曲线测定

### 一、实验目的

了解大肠杆菌生长曲线的基本特征,从而认识微生物在一定生长条件下生长、繁殖的规律。

### 二、实验原理

一定量的微生物,接种在适合的新鲜液体培养基中,在适宜的温度下培养,以细胞数量的对数作纵坐标,生长时间作横坐标,做出的曲线叫生长曲线。一般可分为延迟期、对数期、稳定期和衰亡期四个时期。不同的微生物有不同的生长曲线,同一微生物在不同的培养条件下,其生长曲线也不一样。因此,测定微生物的生长曲线对于了解和掌握微生物的生长规律是很有帮助的。

测定微生物生长曲线的方法很多,有血球计数法、平板菌落计数法、称重法、比浊法等。本实验采用比浊法测定,由于细菌悬液的浓度与混浊度成正比,因此,可利用光电比色计测定菌悬液的光密度来推知菌液的浓度,并将所测得的光密度值(OD)与其对应的培养时间作图,即可绘出该菌在一定条件下的生长曲线。现已有直接利用试管就可以测定 OD 值的光电比色计,只要接种一支试管,定期测定,便可做出该菌的生长曲线。

### 三、实验材料

培养 18～20 h 的大肠杆菌培养液,盛有 5 mL 牛肉膏蛋白胨液体培养基的大试管 12 支;722 型或 721 型分光光度计,自控水浴振荡器或摇床,无菌吸管等。

### 四、操作步骤

1. 编号

取 11 支盛有牛肉膏蛋白胨液体培养基的大试管,用记号笔标明培养时间,即 0、1.5、3、4、6、8、10、12、14、16、20 h。

2. 接种

用 1 mL 无菌吸管,每次准确地吸取 0.2 mL 大肠杆菌培养液,分别接种到已编号的 11 支牛肉膏蛋白胨液体培养基大试管中,接种后振荡,使菌体混匀。

3. 培养

将接种后的 11 支试管置于自控水浴振荡器或摇床上,37℃振荡培养,分别在 0、1.5、3、4、6、8、10、12、14、16、20 h 将编号为对应时间的试管取出,立即放冰箱中贮存,最后一起比浊测定光密度值。

4. 比浊测定

以未接种的牛肉膏蛋白胨培养基作空白对照,选用 540～560 nm 波长进行光电比浊测定。从最稀浓度的菌悬液开始依次进行测定,对浓度大的菌悬液用未接种的牛肉膏蛋白胨液体培养基适当稀释后测定,使其光密度值在 0.1～0.65,记录 OD 值时,注意乘以所稀释的倍数。

## 五、预期结果

将实验结果填入下表中,然后利用 SPSS 或者 Microsoft excel 等软件进行绘图。

| 时间/h | 0 | 1.5 | 3 | 4 | 6 | 8 | 10 | 12 | 14 | 16 | 20 |
|--------|---|-----|---|---|---|---|----|----|----|----|----|
| $OD_{550}$ | | | | | | | | | | | |

## 六、讨论

1. 说明单细胞微生物的生长曲线每个时期的特征以及在生产上有什么指导意义。

2. 在比浊测定时,是最后一起比浊好,还是单个样品培养时间一到立即测定 OD 值好?

# Ⅱ 绿色木霉生长曲线的测定

## 一、实验目的

1. 学习菌丝干重法测定绿色木霉生长曲线的方法。
2. 进一步练习并掌握丝状微生物的生长规律。

## 二、实验原理

常用的丝状微生物生长曲线的测定方法有孢子萌发计数法、菌丝干重测定法以及菌落直径蔓延法等。对于产孢子能力较强的丝状微生物,则可以采用孢子萌发计数法进行测定。孢子是放线菌和真菌的繁殖单位,也是一种休眠体。当条件合适时,这种休眠状态会被打破,孢子萌发,长出菌丝,向四周蔓延,从而形成菌落。菌落中的气生菌丝生长到一定阶段的时候,会特化形成繁殖单位(放线菌的叫孢子丝,霉菌的特化成子实体)。对于特定物种,在特定条件下,其产孢子能力是固定的,它取决于气生菌丝的生物量。因此,这种产孢能力可以间接地反映该菌生长状况。

对于不产孢子或者产孢能力较弱的丝状微生物,一般采用菌丝干重测定法或菌落直径蔓延法。在这两种方法中,后者是运用固体培养,把样品点接在平板中央,然后在不同时间点上

农业微生物学实验技术

测菌落直径,以菌丝直径的蔓延长度为纵轴,以时间为横轴绘制生长曲线;前者采用液体培养,每隔一段时间抽取部分样品,测定菌丝干重,然后以时间为横轴,以干重为纵轴做生长曲线。当然,菌丝干重法也可以应用于产孢子能力较强的丝状微生物。

## 三、实验材料

长满孢子的绿色木霉(*Trichoderma viride*)平板,无菌水,移液管,接种环,装有马铃薯葡萄糖琼脂(PDA)培养液(PDA 固体培养基中不加琼脂制得)的 250 mL 三角瓶若干,滤纸,烘箱,电子天平等。

## 四、操作步骤

(1)取长满孢子的绿色木霉平板,加入适量的无菌水。用接种环轻轻刮取孢子,然后把孢子悬液转移到含有玻璃珠的无菌瓶中,充分振荡,使孢子分散。注意振荡后,要用显微镜观察孢子是否与菌丝分离了和是否分散了。

(2)将孢子悬浊液接种到 PDA 培养液中。然后置于振荡培养箱中,28℃,150 r/min 培养5 d。

(3)每 24 h 取出 3 瓶,用已知干重的滤纸过滤,滤渣和滤纸在 60℃下烘干至恒重,记录数据。恒重的检测标准是样品经过烘干前后质量不发生变化。在这一步骤中,注意滤纸使用前要烘干至恒重,并记录数据。

(4)以时间为横轴,以菌丝干重(总重减去滤纸质量)为纵轴绘制曲线,即得绿色木霉的生长曲线。

## 五、预期结果

图 3-2 为参考实验结果。请根据实验结果讨论绿色木霉与大肠杆菌生长曲线的异同。

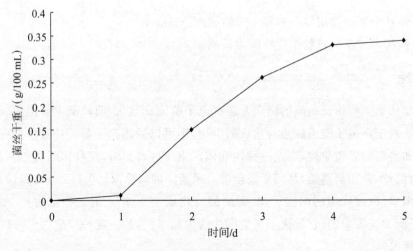

图 3-2 绿色木霉生长曲线

## 六、讨论

1. 绘制绿色木霉生长曲线,并叙述霉菌生长规律。

2. 用游标卡尺测定至少 10 个发酵 5 d 后菌丝球的直径,并求平均值和标准差。尝试说明影响菌丝球大小的因素有哪些。

# 实验 13 厌氧微生物纯培养技术

## 一、实验目的

学习厌氧菌培养常用方法:疱肉培养法、焦性没食子酸法、厌氧罐法、厌氧箱法、厌氧培养袋法等。

## 二、实验原理

厌氧菌是自然界中分布广泛、性能独特的一类微生物,专性厌氧菌因其细胞内缺乏超氧化物歧化酶、过氧化氢酶或过氧化物酶,因此无法消除机体在有氧条件下产生的有毒产物——超氧阴离子自由基,故这类微生物极易受氧毒害。专性厌氧微生物即使短暂地把它暴露于空气中也会引起损伤致死。因此,对它们进行分离、培养和研究时,就必须有一套相应的培养方法。

因此厌氧菌培养一般是在无氧环境下进行。营造无氧环境的方法有很多,大致可以分为三类:物理、化学和生物学方法。物理方法主要有:气体交换法,即利用 $N_2$、$H_2$ 和 $CO_2$ 等气体置换环境中的氧气;加热去氧法,即利用加热的方法降低溶液中的氧气含量;石蜡封闭法,即用石蜡密封阻止厌氧菌与空气接触。化学方法主要有两类:一类是利用化学物质与氧气发生反应,从而降低培养环境中的氧分压值。例如,疱肉培养基中的肉渣可以吸收氧气,焦性没食子酸在碱性条件下吸收游离的氧分子生成黑褐色的焦性没食子橙。另一类是气体发生法,即利用化学反应产生 $H_2$ 或 $CO_2$ 等气体,置换密闭空间中的氧气。例如,柠檬酸溶液与 $NaHCO_3$ 反应,释放出 $CO_2$,其反应方程式如下:

$$C_6H_8O_7 + 3NaHCO_3 \rightarrow Na_3(C_6H_5O_7) + 3H_2O + 3CO_2 \uparrow$$

生物学方法去除环境中的氧气主要是把厌氧菌和好氧菌共同培养实现的。好氧菌在密闭条件下快速生长,大量消耗环境中的 $O_2$,释放 $CO_2$ 等气体。当环境中的 $O_2$ 达到阈值时,好氧菌停止生长,厌氧菌开始生长。

常用美蓝作为氧含量的指示剂。美蓝又叫亚甲基蓝,是一种氧化还原指示剂。氧化状态下呈蓝色,还原状态下为无色。如果能在培养的整个过程中维持厌氧条件,则指示剂溶液将无色,否则指示剂则变色。

## 三、实验材料

疱肉培养基、厌氧罐、厌氧箱、厌氧培养袋、焦性没食子酸、NaOH、脱脂棉等。

## 四、操作步骤

**1. 抽气换气法**

将已接种的培养基放入真空干燥缸或厌氧罐中,再放入催化剂钯粒和指示剂美蓝。指示剂每次要新鲜配制,在试管内将美蓝(0.5%美蓝 3 mL 加水至 100 mL)、6%葡萄糖和氢氧化钠(0.1 mol/L NaOH 6 mL 加水至 100 mL),3 种溶液等量混合并煮沸还原至无色,立即将指示剂管放入预先装好培养物的罐内。先用真空泵将缸内抽成负压 99.99 kPa(750 mmHg),再充入无氧氮气,反复三次,最后充入 80% $N_2$、10% $H_2$ 和 10% $CO_2$ 混合气体,若缸内呈无氧状态,则指示剂美蓝为无色。每次观察标本后需重新抽气换气,用过的钯粒经 160℃,2 h 干烤后可重复使用。

**2. 气体发生袋法(Gas-pak 法)**

该法需以下两种容器:厌氧罐,它是由透明聚碳酸酯或不锈钢制成,盖内有金属网状容器,其内装有厌氧指示剂美蓝和用铝箔包裹的催化剂钯粒;气体发生袋,它是一种铝箔袋,其内装有硼氢化钠-氯化钴合剂、碳酸氢钠-柠檬酸合剂各 1 丸和 1 张滤纸条,使用时剪去特定部位,注入 10 mL 水,水沿滤纸渗入到两种试剂中,发生下列化学反应,产生 $H_2$ 和 $CO_2$。立即将气体发生袋放入罐内,密封罐盖,使气体释放到罐中。

$$C_6H_8O_7 + 3NaHCO_3 \rightarrow Na_3(C_6H_5O_7) + 3H_2O + 3CO_2 \uparrow$$
$$NaBH_4 + 2H_2O \rightarrow NaBO_2 + 4H_2 \uparrow$$

**3. 厌氧袋法**

厌氧袋是用无毒透明、不透气的复合塑料薄膜制成。袋中装有催化剂钯粒和 2 支安瓿,分别装有 $H_2$、$CO_2$ 发生器(化学药品,成分同上)、指示剂美蓝。使用时将接种细菌的平板放入袋中,密封袋口,先将袋中装有化学药品的安瓿折断,几分钟后再折断装有美蓝的安瓿,若美蓝为无色则表示袋内已处于无氧状态,置于 35℃温箱培养。

**4. 需氧菌共生法**

将已知专性需氧菌(如枯草芽孢杆菌)和待检厌氧菌分别接种到 2 个大小相同的平板上,将两者合拢,缝隙用透明胶密封,置 35℃温箱培养,需氧菌生长过程中消耗氧气,待氧气耗尽后,厌氧菌即开始生长。

**5. 平皿焦性没食子酸法**

按每 100 mL 容积加入焦性没食子酸 1 g 和 2.5 mol/L NaOH 10 mL(也可用 $Na_2CO_3$)的比例,先将焦性没食子酸放入平皿盖背面的灭菌纱布中,再滴入 NaOH,立即将接种细菌的平板扣上,用熔化的石蜡密封平皿和平皿盖的缝隙,置 35℃温箱培养。

**6. 庖肉培养基法**

将庖肉培养基上面的石蜡熔化,用毛细管吸取标本后接种于培养基中,待石蜡凝固后置 37℃孵育。用于培养基中的肉渣可吸收氧气,石蜡凝固后起隔绝空气的作用,从而使培养基内呈无氧状态。

**7. 厌氧手套箱培养法**

厌氧手套箱是目前国际上公认的培养厌氧菌最佳仪器之一。它是一个密闭的大型金属

箱,箱的前面有一个透明面板,板上装有两个手套,可通过手套在箱内进行操作。箱侧有一交换室,具有内外两个门,内门通常先关着。使用时将物品放入箱内,先打开外门,放入交换室,关上外门进行抽气、换气($H_2$,$CO_2$,$N_2$)使之达到厌氧状态,然后手伸入手套把交换室内门打开,将物品移入箱内,关上内门。箱内保持厌氧状态,是利用充气中的氢在钯的催化下和箱中残余氧化合成水的原理。该法适于作厌氧菌的大量培养研究。

### 五、预期结果

上述 7 种培养方法各有利弊。通过实验操作练习,请列表比较它们的优缺点。

### 六、讨论

1. 请预测需氧菌共生培养法的结果,并分析原因。
2. 根据你所学知识设计一个严格厌氧菌的保存方法。

# 实验 14　噬菌体的分离、纯化与效价测定

### 一、实验目的

1. 学习分离、纯化噬菌体的基本原理和方法。
2. 学习噬菌体效价测定的基本方法。

### 二、实验原理

因为噬菌体是专性寄生物,所以自然界中凡有细菌分布的地方,均可发现其特异的噬菌体存在,亦即噬菌体是伴随着宿主细菌的分布而分布的,例如,粪便与阴沟污水中含有大量大肠杆菌,故能很容易的分离到大肠杆菌噬菌体;乳牛场有较多的乳酸杆菌,容易分离到乳酸杆菌噬菌体等。

由于噬菌体侵入细菌细胞后进行复制而导致细胞裂解,噬菌体即从中释放出来,所以,在液体培养基内可使混浊菌悬液变为澄清,此现象表明有噬菌体存在;也可利用这一特性,在样品中加入敏感菌株与液体培养基,进行培养,使噬菌体增殖、释放,从而可分离到特异的噬菌体。在宿主细菌生长的固体琼脂平板上,噬菌体可裂解细菌而形成透明的空斑,称噬菌斑,一个噬菌体产生一个噬菌斑,利用这一原理可将分离到的噬菌体进行纯化或测定噬菌体的效价。

本实验是从阴沟污水中分离大肠杆菌噬菌体,刚分离出的噬菌体常不纯,表现为噬菌斑的形态、大小不一致等。出现这种现象则需进一步纯化。

### 三、实验材料

37℃培养 18 h 的大肠杆菌斜面;阴沟污水;三倍浓缩的牛肉膏蛋白胨液体培养基,上层琼脂培养基(含琼脂 0.7%,试管分装,每管 4 mL),底层琼脂平板(含培养基 10 mL,琼脂 2%);大肠杆菌噬菌体 $10^{-2}$ 稀释液(用牛肉膏蛋白胨液体培养基稀释);含 0.9 mL 液体培养基的小试管 4 支;无菌小试管 5 支;无菌 1 mL 吸管 10 支;无菌玻璃涂布棒;无菌蔡氏细菌滤器;无菌

抽滤器;恒温水浴箱;真空泵等。

## 四、操作步骤

### (一)噬菌体的分离

1. 制备菌悬液

取大肠杆菌斜面一支,加 4 mL 无菌水洗下菌苔,制成菌悬液。

2. 增殖培养

于 100 mL 三倍浓缩的牛肉膏蛋白胨液体培养基的三角烧瓶中,加入污水样品 200 mL 与大肠杆菌悬液 2 mL,37℃培养 12~24 h。

3. 制备裂解液

将混合培养液 2 500 r/min 离心 15 min。将上清液倒入无菌滤器,开动真空泵,过滤除菌。所得滤液倒入无菌三角瓶内,37℃培养过夜,以作无菌检查。

4. 确证试验

于牛肉膏蛋白胨琼脂平板上加一滴大肠杆菌悬液,再用灭菌玻璃涂布器将菌液涂布均匀。待平板菌液干后,分散滴加数小滴滤液于平板菌层上面,37℃培养过夜。如果在滴加滤液处形成无菌生长的透明噬菌斑,便证明滤液中有大肠杆菌噬菌体。

### (二)噬菌体的纯化

(1)如果已证明确有噬菌体的存在,便用接种环取滤液一环接种于液体培养基内,再加入 0.1 mL 大肠杆菌悬液,使混合均匀。

(2)取上层琼脂培养基,熔化后,冷至 45~50℃(可预先熔化、冷却,放 48℃水浴箱内备用),加入以上噬菌体与细菌的混合液 0.2 mL,立即混匀。

(3)并立即倒入底层培养基上,混匀。置 37℃培养 12 h。

(4)12 h 后,有噬菌斑出现,但其形态、大小常不一致。用接种针在单个噬菌斑中刺一下,小心采取噬菌体,接入含有大肠杆菌的液体培养基内。于 37℃培养。

(5)等待管内菌液完全溶解后,过滤除菌,即得到纯化的噬菌体。

### (三)高效价噬菌体的制备

刚分离纯化所得到的噬菌体往往效价不高,需要进行增殖。将纯化了的噬菌体滤液与液体培养基按 1:10 的比例混合,再加入大肠杆菌悬液适量(可与噬菌体滤液等量或 1/2 的量),37℃培养,使之增殖,如此重复数次,最后过滤,可得到高效价的噬菌体制品。

### (四)噬菌体效价测定

1. 稀释噬菌体

将 4 管含有 0.9 mL 液体培养基的试管分别标写 $10^{-3}$、$10^{-4}$、$10^{-5}$ 和 $10^{-6}$。用 1 mL 无菌吸管吸 0.1 mL $10^{-2}$ 大肠杆菌噬菌体,注入 $10^{-3}$ 的试管中,旋摇试管,使混匀。用另一支无菌吸管吸取 0.1 mL $10^{-3}$ 大肠杆菌噬菌体,注入 $10^{-4}$ 的试管中,旋摇试管,使混匀。依此类推,稀释到 $10^{-6}$ 管中,混匀。

2. 噬菌体与菌液的混合

将 5 支灭菌空试管分别标写 $10^{-4}$、$10^{-5}$、$10^{-6}$、$10^{-7}$ 和对照。用吸管从 $10^{-3}$ 噬菌体稀释管吸 0.1 mL 加入 $10^{-4}$ 的空试管内,用另一支吸管从 $10^{-4}$ 稀释管内吸 0.1 mL 加入 $10^{-5}$ 空试管内,如此直至 $10^{-7}$ 管。将大肠杆菌培养液摇匀,用吸管取菌液依次加入到对照、$10^{-7}$、$10^{-6}$、

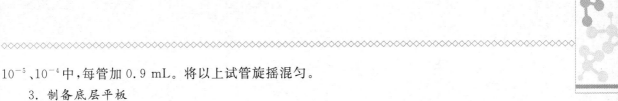

$10^{-5}$、$10^{-4}$中,每管加 0.9 mL。将以上试管旋摇混匀。

3. 制备底层平板

将底层培养基熔化,冷却到 50℃时,倒入空的无菌培养皿中,冷却形成平板。在底部分别标记 $10^{-4}$、$10^{-5}$、$10^{-6}$、$10^{-7}$和对照。

4. 接种

将 5 管上层培养基熔化,标写 $10^{-4}$、$10^{-5}$、$10^{-6}$、$10^{-7}$和对照,使冷却至 48℃,并放入 48℃水浴箱内。分别将 4 管混合液和对照管对号加入上层培养基试管内。每一管加入混合液后,立即旋摇混匀并倒入底层平板上,摇匀。凝固后,37℃培养。

5. 观察平板中的噬菌斑

选取每皿 30～300 个噬菌斑的平板计算每毫升未稀释的原液的噬菌体数(效价),其公式如下:

$$噬菌体效价 = 噬菌斑数 \times 稀释倍数 \times 10$$

## 五、预期结果

将实验结果填入下表中。

| 噬菌体稀释倍数 | 噬菌斑数/pfu* | 效价 |
|---|---|---|
| $10^{-4}$ | | |
| $10^{-5}$ | | |
| $10^{-6}$ | | |
| $10^{-7}$ | | |

\* 注:噬菌斑的单位是"pfu",不是"个"。

## 六、讨论

1. 绘图表示平板上出现的噬菌斑并计算每毫升未稀释的原液的噬菌体数。
2. 什么是噬菌体效价？为什么要进行效价测定？

# 第四部分

# 微生物分类与鉴定技术

微生物的代谢类型具有丰富的多样性,表现在微生物对大分子糖类物质及其蛋白质等的分解能力,反映了微生物不同代谢产物对自然界物质的降解能力,所以微生物的生理生化反应是菌种鉴定的经典指标。同时,随着微生物技术的发展,分子水平上对菌种的鉴定已成为一种常用方式。由于物理、化学、计算机等学科与微生物学科的渗透交叉,在微生物学快速、简便地鉴定工作中也取得了重大进展,如本部分所涉及的鉴定系统。本部分实验内容既可单独作为菌种生理生化特征反应实验项目进行,又可以结合第二部分中微生物形态特征进行微生物菌种鉴定工作。另外,菌种资源是微生物研究的基础和核心,所以菌种保藏技术是微生物学研究中必不可少的环节。

## 实验 15　微生物对糖的分解

### 一、实验目的

1. 了解糖发酵的原理和在细菌鉴定中的重要作用。
2. 掌握通过糖发酵鉴别不同微生物的方法。

### 二、实验原理

自然界中,绝大多数微生物是化能有机营养型,都能利用己糖。因此,己糖(特别是葡萄糖)的分解代谢可以作为一切有机物质分解代谢过程的基础。双糖(乳糖、麦芽糖等)可被某些微生物所具有的酶水解成单糖,然后再被利用。由于不同微生物的酶系统不同,呼吸类型也存在差异,因而糖类分解的终产物随之有所不同。在微生物鉴定工作中常作为重要依据之一。

实验室中进行糖类发酵试验时,常采用葡萄糖、乳糖、麦芽糖、甘露醇、蔗糖、甘油等,有时根据需要还要采用半乳糖、果糖、鼠李糖、阿拉伯糖、木糖等。不同微生物对糖类的发酵能力有很大差异,某一种糖可被某一种菌发酵产生酸(甲酸、醋酸、丙酸、乳酸等)和气体(二氧化碳、氢气和甲烷等);而被另一种菌发酵时,可能只产酸不产气,而有的菌则对这种糖根本不能发酵。因而通过糖类

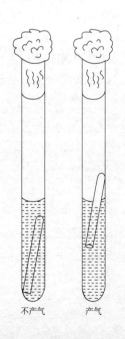

不产气　　产气

图 4-1　细菌对糖类的不同
发酵特性

发酵试验可以确定某菌在糖发酵方面的生理特性。酸的产生可在糖发酵培养液中加指示剂溴甲酚紫(pH 6.8 以上时呈紫色,pH 5.2 以下时呈黄色)去检验。气体的产生,可从试管中倒立的杜氏小管中进行观察(图 4-1)。

糖类被微生物分解,除发酵产酸外,另一种可能是氧化产酸,即细菌分解糖类产酸并不完全是不需要分子氧作为最终氢受体。那些以分子氧为最终氢受体的细菌,往往产酸量少且所产的酸常常被培养基中蛋白胨分解过程中产生的氨所中和而不表现产酸现象。为区分两种产酸方式,休和李夫森(Hugh 和 Leifson)二氏采用一种有机氮低的培养基,用以鉴定细菌分解糖类产酸是氧化性酸还是发酵性产酸。这一试验一般以葡萄糖作为糖类代表,已被微生物学家广泛用于细菌分类鉴定工作中。

## 三、实验材料

1. 在牛肉膏蛋白胨培养液中培养 24～48 h 的金黄色葡萄球菌(*Staphylococcus aureus*)、大肠杆菌(*Escherichia coli*)、普通变形杆菌(*Proteus vulgaris*)、枯草芽孢杆菌(*Bacillus subtilis*)及铜绿假单胞菌(*Pseudomonas aeruginosa*)。

2. 分别装有杜氏小管的管装葡萄糖、乳糖、麦芽糖、甘露醇、蔗糖发酵液。

3. 含葡萄糖的 Hugh 和 Leifson's 柱形半固体培养基。

4. 灭菌的液体石蜡、接种环、接种针。

## 四、操作步骤

### (一)细菌对糖类发酵试验

(1)取 5 种糖发酵液各一支,按无菌操作手续用接种环在每一试管中接种金黄色葡萄球菌各 1 环。

(2)再取 5 种糖发酵液各一支,操作如上,在每一试管中各接种大肠杆菌 1 环。

(3)如前分别在 5 种发酵液中接种普通变形杆菌各 1 环。

(4)如前分别在 5 种发酵液中接种枯草芽孢杆菌各 1 环。

(5)另取 5 种糖发酵液各一支,不接种任何菌,作为对照。

(注意:在接种后,轻缓摇动试管,使其均匀,防止倒置的小管进入气泡。)

(6)把以上所有经接种的试管及对照试管放入 37℃温箱培养,分别在 24、48、72 h 检查试验结果。

### (二)葡萄糖的氧化发酵测定

(1)取含葡萄糖的休和李夫森二氏培养基 4 支,按无菌操作要求,分别用接种针蘸取大肠杆菌及铜绿假单胞菌培养物进行穿刺接种(图 4-2)。每种菌各接种 2 支。

(2)再取培养基 4 支,接种如前(重复一次)。

(3)将已接种大肠杆菌和铜绿假单胞菌的柱形培养基各 2支,分别加灭菌的液体石蜡油封盖(0.5～1 cm 厚为宜),以隔绝空气成为闭管。另外 4 支(已接种)均不封油为开管。

(4)再取 2 支培养基,不作任何接种,其中一支加油封盖,

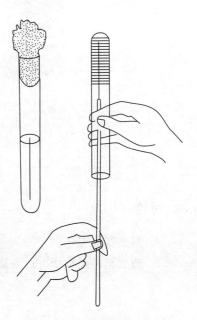

图 4-2　穿刺接种示意图

73

作为对照。

(5)37℃温箱培养,分别在1、2、4、7 d后检查实验结果。

氧化产酸:仅开管产酸,氧化作用弱的菌株,往往先在上部产碱,后来才稍产酸。

发酵产酸:开管及闭管均产酸,如产气,则琼脂柱内有气泡产生。

注意:

1. 糖发酵试验的各种糖发酵液在灭菌前后均应加标记,以便于识别。培养基中的糖成分,严格讲应配成10%水溶液,经过滤除菌后,在使用时临时加入。但为了方便,也可将糖直接加入培养基中,用$4.9 \times 10^4$ Pa压力蒸汽灭菌 20 min 使用。

2. Hugh 和 Leifson 二氏培养基在使用前后应在沸水中熔化,并用冷水或在冰箱中冷凝后立即使用,否则溶于培养基中的空气可能干扰检查发酵产气的结果。

3. 使用铜绿假单胞菌进行穿刺接种时应小心谨慎,切实防止沾染人身及试验台或其他器材。

## 五、预期结果

实验结果如图 4-3(彩图 4-3)所示。

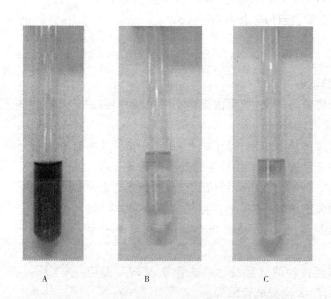

**图 4-3　大肠杆菌利用乳糖发酵实验结果**
A.培养前的情况　B.培养后产酸产气　C.培养后产酸不产气

## 六、讨论

1. 写出实验报告。

2. 假如某种微生物可以有氧代谢葡萄糖,发酵试验应该出现什么结果?

# 实验 16　VP 反应

## 一、实验目的

了解 VP 反应的原理及其在肠道菌鉴定中的意义和方法。

## 二、实验原理

有些细菌能分解葡萄糖产生丙酮酸,再进一步将丙酮酸脱羧变为乙酰甲基甲醇,在碱性环境中被空气中的氧氧化为二乙酰,二乙酰与培养基内蛋白胨中精氨酸所含的胍基发生反应生成红色的化合物,此即 VP 正反应。在试验时,若在试管中加入 $\alpha$-萘酚,则可促进反应的出现,有时为了使反应更为明显,可加入少量含胍基的化合物,如肌酸等。主要用于肠杆菌属细菌的鉴别。沙雷氏菌、阴沟肠杆菌等 VP 反应阳性,大肠埃希菌、沙门氏菌、志贺氏菌等 VP 反应阴性。VP 反应变化如下:

$$2CH_3COCOOH \longrightarrow CH_3COCHOHCH_3 + 2CO_2$$
（丙酮酸）　　　　　　（乙酰甲基甲醇）

$$CH_3COCHOHCH_3 \xrightarrow{-2H} CH_3COCOCH_3$$
（二乙酰）

$$2CH_3COCOCH_3 + \ \underset{NH_2}{\underset{|}{NH=C}}\overset{NH_2}{\overset{|}{\phantom{=}}} \longrightarrow \ \underset{N=C-CH_3}{\underset{\|}{NH-C}}\overset{N=C-CH_3}{\overset{\|}{\phantom{|}}} + 2H_2O$$
胍　　　　　　　　　　　　　红色化合物

## 三、实验材料

1. 在牛肉膏蛋白胨琼脂斜面上培养 24 h 的枯草芽孢杆菌（*Bacillus subtilis*）、在牛肉膏蛋白胨琼脂斜面上培养 24 h 的大肠杆菌（*Escherichia coli*）。

2. 葡萄糖蛋白胨培养基。

3. 40％ KOH 溶液(内含 0.3％ 肌酸)、60％ $\alpha$-萘酚纯酒精溶液。

## 四、操作步骤

(1)接种少量枯草芽孢杆菌于葡萄糖蛋白胨培养液试管中。

(2)再接种少量大肠杆菌于另一葡萄糖蛋白胨培养液试管中。

(3)放入 37℃ 温箱中,培养 48 h。

(4)检查结果:分别将 2 支试管先摇动 5 min,然后分别在每支试管中加入 20 滴 40％ KOH 和 2～3 mL 含有 6％ $\alpha$-萘酚的纯酒精溶液,弃去棉塞,继续用力振荡,再放入 37℃ 温箱中保温 15～30 min，如出现红色，即为 VP 反应阳性。

注意：

1. 有些 VP 阳性菌显色较慢（尤其室温低时），可微热，若仍不显色，再做阴性处理。

2. 磷酸盐可妨碍 VP 实验，应除去或用 NaCl 代替。

3. 培养时间和温度可能对某些菌的结果有影响。

### 五、预期结果

实验结果如图 4-4（彩图 4-4）所示。

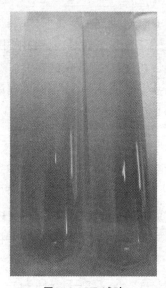

**图 4-4　VP 试验**

左是大肠杆菌，右是枯草芽孢杆菌

### 六、讨论

1. 写出实验报告。

2. 为什么有些细菌为 VP 反应阴性？

# 实验 17　甲基红实验

### 一、实验目的

了解甲基红反应的原理及其在肠道菌鉴定中的意义和方法。

### 二、实验原理

某些细菌在糖代谢过程中，培养基中的糖先分解为丙酮酸，丙酮酸再被分解为甲酸、乙酸、乳酸等。酸的产生可由加入甲基红指示剂的变色反应而指示。甲基红变色范围 pH 4.2（红）～6.3

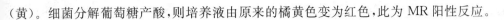

（黄）。细菌分解葡萄糖产酸,则培养液由原来的橘黄色变为红色,此为 MR 阳性反应。

## 三、实验材料

1. 在牛肉膏蛋白胨琼脂斜面上培养 24 h 的大肠杆菌(*Escherichia coli*)和产气肠杆菌。
2. 葡萄糖蛋白胨水培养基。
3. 甲基红(MR)指示剂等。

## 四、操作步骤

（1）接种少量大肠杆菌于葡萄糖蛋白胨培养液试管中。

（2）再接种少量产气肠杆菌于另一葡萄糖蛋白胨培养液试管中。

（3）放入 37℃温箱中,培养 24 h。

（4）检查结果:分别将两支试管先摇动 3 min,然后沿管壁加入甲基红试剂 3～4 滴,观察是否变色,记录结果。（注意:甲基红试剂不要加得太多,以免出现假阳性反应。）

## 五、预期结果

实验结果如图 4-5(彩图 4-5)所示。

**图 4-5  甲基红实验**
左侧接种产气肠杆菌,右侧接种大肠杆菌

## 六、讨论

1. 写出实验报告。
2. 为什么大肠杆菌是甲基红反应阳性,而产气肠杆菌为阴性？这个试验与 VP 试验最初底物与最终产物有何异同处？为什么会出现不同？

# 实验 18  微生物对淀粉的水解

## 一、实验目的

1. 了解微生物利用淀粉的原理。
2. 掌握检测微生物水解淀粉的方法。

## 二、实验原理

微生物对大分子的淀粉、蛋白质和脂肪不能直接利用,必须靠产生的胞外酶将大分子物质分解才能被微生物吸收利用,胞外酶主要为水解酶,通过加水裂解大的物质为较小的化合物,使其能被运输至细胞内,如淀粉酶水解淀粉为麦芽糖和葡萄糖;脂肪酶水解脂肪为甘油和脂肪酸;蛋白酶水解蛋白质为氨基酸等。这些过程均可通过观察细菌菌落周围的物质变化来证实:

淀粉遇碘液会产生蓝色,但微生物水解淀粉的区域,用碘测定不再产生蓝色,表明细菌产生淀粉酶。该试验用于检查微生物是否产生淀粉酶及淀粉酶活性的大小,常作为微生物生化特性鉴定的一个重要方面。

### 三、实验材料

1. 在牛肉膏蛋白胨琼脂斜面上培养 24～48 h 的枯草芽孢杆菌(*B. subtilis*)和大肠杆菌(*E. coli*)。

2. 无菌培养皿、水浴锅。

3. 革兰氏染色用卢戈氏碘液(Lugol's iodine solution)、含淀粉的牛肉膏蛋白胨琼脂培养基。

### 四、操作步骤

(1)取已熔化并保温在 50℃左右的含淀粉的牛肉膏蛋白胨培养基,倾入无菌培养皿中,并微微摇动,静置,使冷凝成平板。

(2)用接种环无菌操作蘸取少许枯草芽孢杆菌的细胞,接种于平板的一侧;另一侧接种大肠杆菌。

(3)接种后放在 37℃温箱中培养 2～3 d,取出培养皿,观察各种细菌的生长情况,将平板打开盖子,滴入少量 Lugol's 碘液于平皿中,轻轻旋转平板,使碘液均匀铺满整个平板。如菌苔周围出现无色透明圈,即淀粉水解区,说明淀粉已被水解,为阳性。透明圈的大小可初步判断该菌水解淀粉能力的强弱,即产生胞外淀粉酶活力的高低。若无淀粉水解区,则说明该菌不产生淀粉酶。

注意:

1. 接种时,不同菌种之间的距离不能太近。

2. 配制培养基时,先将可溶性淀粉溶于蒸馏水中,然后再加入其他成分。

### 五、预期结果

实验结果如图 4-6(彩图 4-6)所示。

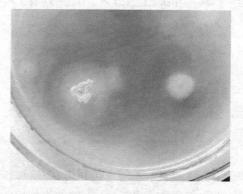

**图 4-6  微生物水解淀粉实验**
左侧菌种为枯草芽孢杆菌,右侧菌种为大肠杆菌

## 六、讨论

1. 写出实验报告。
2. 怎样解释淀粉酶是胞外酶而非胞内酶？
3. 不利用碘液，怎样证明淀粉水解的存在？

# 实验 19  微生物对纤维素的分解

## 一、实验目的

1. 了解微生物分解纤维素的原理。
2. 掌握检测微生物分解纤维素的方法。

## 二、实验原理

纤维素是由许多 $\beta$-葡萄糖分子，以 1,4-糖苷键连接，聚合而成的大分子碳水化合物，化学性质极为稳定。它是植物细胞壁的主要成分，在植物的木质部、韧皮部中也含有大量的纤维素（50%以上）。在农业生产上，由作物产生的枯枝、落叶、残茬以及施用的大量有机肥料中，约有50%以上是纤维素成分。因此，纤维素的分解对于维持土壤的生物活性，提高土壤肥力，改善植物营养，提高作物产量等方面有着重要意义。同时也是自然界物质生物循环的重要内容。

自然界中，分解纤维素的微生物种类很多，包括细菌、放线菌、真菌等的许多种群。根据纤维素分解微生物对分子态氧的要求，可分为需氧性纤维素分解微生物和厌氧性纤维素分解微生物两类。其中以需氧性纤维素分解微生物为主，尤其是需氧性黏细菌对纤维素分解能力特别强，如生孢食纤维菌属（*Sporocytophaga*）、食纤维菌属（*Cytopaga*）、多囊黏菌属（*Polyangium*）等。在厌氧性纤维素分解微生物中，主要是一些芽孢杆菌，例如奥氏梭菌（*Clostridium omeliamskii*）。

纤维素在微生物产生的纤维素酶（包括 $C_1$ 酶、$C_x$ 酶和 $\beta$-葡萄糖苷酶）的作用下，最终分解为葡萄糖。

## 三、实验材料

1. 肥沃土壤。
2. 镊子、直径 9 cm 的无菌圆形滤纸、无菌培养皿、接种匙、解剖针、空试管。
3. 5% $FeCl_3$ 溶液。
4. 赫奇逊（Hutchinson）琼脂培养基、赫奇逊培养液（装于 150 mL 三角瓶中，每瓶装 30 mL）、装有滤纸条的纤维素发酵培养液（发酵液高出滤纸条 1～2 cm）。

## 四、操作步骤

### (一)需氧性纤维素分解细菌对纤维素的分解

1. 土粒法

(1)取已熔化的赫奇逊琼脂培养基1支,倾入无菌培养皿中,冷凝成平板。

(2)用镊子取直径9 cm的无菌滤纸一张紧贴于平板上,使滤纸表面湿润(必要时可滴加少许赫奇逊培养液)。

(3)然后用镊子取肥沃土壤10余粒,均匀排放在滤纸表面,进行接种。

(4)放入28~30℃温箱中培养7~10 d。

(5)检查实验结果:先观察土粒周围有无黄色、橘黄色等黏液状斑点出现、滤纸有无破碎变薄现象。再用解剖针或接种环于有黄色黏液状斑点处挑取少许纤维,置载玻片上加一滴蒸馏水制成涂片,进行简单染色,干燥后油镜观察需氧性纤维素分解细菌的细胞形态。

2. 三角瓶液体培养法

(1)取已灭菌的直径9 cm的无菌滤纸一张折成圆锥体,用镊子放入装有30 mL赫奇逊培养液的三角瓶中,使滤纸在瓶内直立,锥体绝大部分露在液面上。

(2)用接种匙取少许肥沃土壤送入三角瓶底部进行接种,注意勿使土粒撒在滤纸上。

(3)置28~30℃温箱中培养7~10 d。

(4)检查实验结果:先观察滤纸与液面交界处是否变薄,有无黄色黏液斑点,当滤纸分解严重时可造成锥形滤纸的倒塌。再用解剖针或接种环在滤纸与液面交界处有黄色黏液斑点的地方挑取少量纤维,制涂片,简单染色后,用油镜观察需氧性纤维素分解细菌的细胞形态,并与土粒法的观察结果相比较。

### (二)厌氧性纤维素分解细菌对纤维素的分解

(1)以接种匙取肥沃土壤少许,接种在装有滤纸条的纤维素发酵液的试管中。塞好棉塞后置于35~37℃温箱中培养10~15 d。

(2)检查实验结果

①先观察滤纸条有无变黑、被分解变薄、产生孔洞、滤纸边缘是否破碎等现象,若滤纸条毫无变化,则应继续培养。

②取发酵液2 mL倾入空试管中,再加5% $FeCl_3$ 溶液2 mL,将试管慢慢加热,如有棕褐色沉淀产生,说明纤维素分解后产生丁酸。反应式如下:

$$3CH_3CH_2CH_2COOH + FeCl_3 \longrightarrow Fe(CH_3CH_2CH_2COO)_3 + 3HCl$$

③用接种环于滤纸孔洞或破碎处,挑取少许纤维,制涂片,染色后,用油镜观察需氧性纤维素分解细菌的细胞形态。

## 五、预期结果

实验结果如图4-7(彩图4-7)所示。

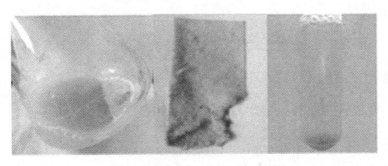

图 4-7　被分解的滤纸和发生的沉淀反应

## 六、讨论

1. 写出实验报告。
2. 记载需氧性纤维素分解细菌对纤维素的分解情况。
3. 记载厌氧性纤维素分解细菌对纤维素的分解情况。
4. 绘图表示需氧性和厌氧性纤维素分解细菌的细胞形态。
5. 本实验在培养基中加入滤纸的作用是什么?

# 实验 20　微生物对果胶物质的分解

## 一、实验目的

1. 了解微生物分解果胶类物质的原理。
2. 掌握检测微生物分解果胶类物质的方法。

## 二、实验原理

果胶物质是由许多半乳糖醛酸组成的大分子化合物,存在于植物细胞之间,将细胞胶黏在一起。在土壤中植物残体矿质化时,必须将果胶物质分解掉,将纤维素、半纤维素暴露给微生物,利于加速分解。果胶物质的分解对麻类作物的脱胶作用有着重要意义,常用于麻类加工制作,如我国劳动人民用堆积脱胶法、水池浸泡法等,都是利用微生物分解掉果胶后,而较容易从麻类植物中剥离麻类纤维。

分解果胶物质的微生物种类很多,细菌、放线菌、真菌中均有分解果胶质的类群。其中以细菌对果胶质的分解能力最强,并多为芽孢杆菌。如需氧性的枯草芽孢杆菌(*B. subtilis*)、马铃薯芽孢杆菌(*B. mesentericus*)等;在厌氧条件下,分解果胶质以梭菌属(*Clostridium*)为主,常见的有蚀果胶梭菌(*Clost. pectinovorum*)、费辛尼亚浸麻梭菌(*Clost. felsineum*)等。

果胶物质的分解,是在微生物产生的果胶酶作用下进行水解,最终生成半乳糖醛酸,其水解产物可进一步发酵产生丁酸、$CO_2$ 和 $H_2$ 等。

### 三、实验材料

亚麻秆、18 mm×180 mm 试管、白线、试管夹、小刀或剪刀。

### 四、操作步骤

(1)将亚麻秆切成小段(约 3 cm 长)(留下一段,接种用),用白线扎成捆后,装入18 mm×180 mm 试管。

(2)加自来水于试管中,淹没麻捆后于酒精灯上加热煮沸 5 min。

(3)倾去沸水,除去浸出物,再注入自来水淹没麻秆,煮沸后冷却之。

(4)待冷却后,投入剩留的一段麻秆接种,塞好棉塞,置35℃温箱中培养1~2 周。

(5)检查试验结果

①取一根发酵过的麻秆,将其纤维撕下,与新鲜未发酵的麻秆比较,纤维是否易脱落。

②用撕下麻皮的内层,在载玻片上直接涂布,制成涂片,进行简单染色,油镜观察厌氧性果胶质分解细菌的细胞形态。

③取发酵液 2 mL 于空试管中,加入 5% $FeCl_3$ 溶液 2 mL,加热,观察是否产生丁酸铁(即是否有棕褐色沉淀产生)。

### 五、预期结果

实验结果如图 4-8(彩图 4-8)所示。

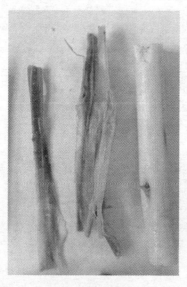

图 4-8　发酵后的麻秆发酵液与 $FeCl_3$ 反应产生的棕褐色沉淀

### 六、讨论

1. 写出实验报告。

2. 记录亚麻秆发酵后麻皮(纤维)剥离麻秆的难易程度(与新亚麻秆比较)。

3. 绘出厌氧性果胶质分解细菌形态图。

4. 试管中的水为何要淹没麻秆?

5. 布置试验时,将水加热煮沸,除去浸出物等措施有何作用?

# 实验 21　微生物对尿素的分解

## 一、实验目的

掌握微生物分解尿素的原理及其检测方法。

## 二、实验原理

尿素是哺乳动物尿中的主要成分之一,是一种含氮有机物质,可以被植物作为氮素养料直接吸收利用。由于尿素含氮量高,故在农业生产上是一种重要的氮素肥料。当尿素进入土壤后,很快被土壤中尿素细菌产生的脲酶分解成碳酸铵,碳酸铵不稳定很快转化成氨和二氧化碳。尿素被微生物分解产生氨的过程称尿素的氨化作用。反应式如下:

$$O=C \begin{matrix} NH_2 \\ \\ NH_2 \end{matrix} + 2H_2O \xrightarrow{\text{脲酶}} (NH_4)_2CO_3$$

$$(NH_4)_2CO_3 \longrightarrow 2NH_3 + CO_2 + H_2O$$

土壤中大多数细菌、放线菌和真菌都能产生脲酶,分解尿素产生氨。

## 三、实验材料

1. 土壤。

2. 尿素培养基数管。

3. 红色石蕊试纸、醋酸铅试纸、纳氏试剂、白磁比色板。

## 四、操作步骤

(1)接种少许土壤于尿素培养基中,并于棉塞下端悬挂一条红色石蕊试纸。

(2)塞好棉塞后放在 30℃ 恒温箱中培养。

(3)培养 48 h 后取出检查结果:

①观察红色石蕊试纸是否变蓝色。如有氨产生则试纸变蓝色。

②取培养液 2 滴置于白瓷比色板的凹孔中,并加入纳氏试剂 1 滴,出现黄色、棕褐色时,说明有氨产生。$NH_3$ 与纳氏试剂的反应如下:

$$2(HgI_2 \cdot 2KI) + 3KOH \longrightarrow O \begin{matrix} Hg \\ \diagup \quad \diagdown \\ \diagdown \quad \diagup \\ Hg \end{matrix} NH_2I + 7KI + 2H_2O$$

黄色碘化氧双汞铵

83

或 $2(HgI_2 \cdot 2KI) + KOH + NH_3 \longrightarrow NH_2HgI_3 + 5KI + H_2O$

棕红色碘化氧双汞铵

③取培养液一环,制涂片,染色后,油镜观察尿素细菌的细胞形态。

注意:

1. 红色石蕊试纸不要弄湿和碰着试管壁。

2. 白瓷比色板洗干净后,用蒸馏水漂洗 2~3 次才能用于检查 $NH_3$ 的存在。

## 五、预期结果

实验结果如图 4-9(彩图 4-9)和图 4-10(彩图 4-10)所示。

 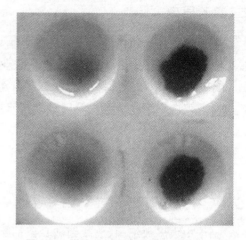

图 4-9 微生物对尿素分解实验      图 4-10 微生物对尿素分解实验检验结果

左侧为实验后石蕊试纸,右侧为对照      左侧为空白对照,右侧为实验组显反反应

## 六、讨论

1. 写出实验报告。

2. 记录尿素分解的结果。

3. 绘出尿素细菌细胞形态图。

# 实验 22  微生物对蛋白质、氨基酸的分解

## 一、实验目的

掌握微生物分解蛋白质、氨基酸的原理及其检测方法。

## 二、实验原理

蛋白质、氨基酸是自然界中含氮有机物质的主要形式之一,它们经微生物分解后生成氨,作为植物的氮素养料被吸收利用。微生物分解含氮有机物产生氨的作用叫作氨化作用。土壤中能分解蛋白质、氨基酸的微生物种类很多,在有氧或无氧情况下,都有相应的类群参与蛋白质、氨基酸的分解。微生物分解蛋白质的基本途径是:

$$蛋白质 \xrightarrow{\text{蛋白酶}} 肽 \xrightarrow{\text{肽酶}} 氨基酸 \xrightarrow{\text{脱氨基作用}} 氨$$

由于不同微生物所具有的酶系不同,组成不同蛋白质的氨基酸也有差异,因而在蛋白质分解过程中,除氨作为共同产物外,还可产生硫化氢、吲哚、胺类及多种有机酸等。

## 三、实验材料

1. 肥沃土壤或肥沃土壤稀释液($10^{-2}$)、培养 24 h 的大肠杆菌(*E. coli*)和普通变形杆菌(*Proteus vulgaris*)菌种。

2. 熟鸡蛋白。

3. 牛肉膏蛋白胨液体培养基、牛肉膏蛋白胨半固体培养基、醋酸铅琼脂柱培养基。

4. 红色石蕊试纸、1 mL 无菌吸管、白瓷比色板、熔化的凡士林-石蜡、pH 试纸、纳氏(Nessler)试剂、醋酸铅试纸、无菌水。

## 四、操作步骤

### (一)蛋白质氨化作用的试验

1. 有氧条件下的氨化作用

(1)取牛肉膏蛋白胨液体培养基 2 管,其中 1 管用无菌吸管接种 $10^{-2}$ 土壤稀释液 0.1 mL(或少量肥沃土壤直接接种),另一管不接种作对照。接种后,在 2 支试管口内壁各附挂一条红色石蕊试纸和醋酸铅试纸(注意勿接触管壁),塞好棉塞后,置 30℃ 温箱培养 2～3 d。

(2)取熟鸡蛋白一小块,放入无菌水试管中,用无菌吸管接种 $10^{-2}$ 土壤稀释液 0.1 mL,同法附挂红色石蕊试纸和醋酸铅试纸。塞好棉塞后,置 30℃ 温箱培养 2～3 d。

(3)检查实验结果

①观察各培养管中,试纸颜色有无变化,培养液是否变混浊或产生菌膜。如红色石蕊试纸变蓝,说明有 $NH_3$ 生成;醋酸铅试纸变黑,说明有 $H_2S$ 产生;若培养液变混浊或菌膜,说明有大量氨化细菌集聚。

②分别从各培养管中取培养液 2 滴,滴在白瓷比色板的凹窝中,各加入纳氏试剂 1 滴,如有棕色或蓝棕褐色出现,再次证明有 $NH_3$ 产生。

③分别自培养管中取培养物一环,制涂片,染色,油镜下观察需氧性氨化细菌细胞形态。视野中出现数目最多者,即为具优势的氨化细菌。

2. 无氧条件下的氨化作用

(1)取熔化并保温在 50℃ 水浴中的牛肉膏蛋白胨半固体培养基 1 支,用无菌吸管接种 0.2 mL $10^{-2}$ 土壤稀释液,搓动试管,混匀,静置使其充分凝固。

(2)加入熔化的凡士林-石蜡混合物于培养管中,使高出培养基 1 cm,以造成无氧条件。

(3)放入 30℃ 温箱中培养 5～7 d。

(4)检查实验结果

①观察培养基内是否出现三角形、纺纱形或絮状、云雾状的菌落,如培养基出现裂缝,则说明有气体产生(图 4-11,彩图 4-11)。

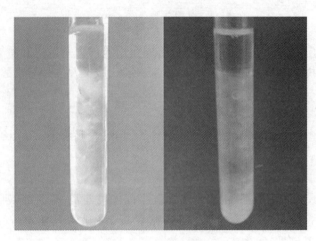

**图 4-11　氨化作用实验检测结果**
左侧试管中呈絮状,右侧试管中出现气泡

②拔去棉塞,取出凡士林-石蜡混合物,嗅闻有无腐败气味。
③取出少量培养基,以 pH 试纸测试,比较培养基 pH 有无变化(图 4-12,彩图 4-12)。

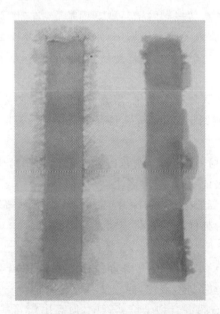

**4-12　氨化实验培养液 pH 检测结果**
左侧为对照试纸条,右侧为实验试纸条

④用接种环在菌落生长处取培养物少量,制涂片,染色,油镜下观察厌氧性氨化细菌细胞形态。

## (二)硫化氢的产生

(1)取牛肉膏蛋白胨培养液 3 管,其中 1 管接种大肠杆菌,1 管接种普通变形杆菌,1 管不接种作对照。并在试管口内壁各附挂醋酸铅试纸一条,使下端接近培养基表面但勿与液面接触。

(2)取醋酸铅琼脂柱培养基 3 管,其中 1 管用接种针穿刺接种大肠杆菌,1 管接种普通变形杆菌,另 1 管不接种作对照。(注意:接种时可以接种环沿管壁刺入管底再转动接种环柄后拔出。)

(3)接种完后和对照一起放入 30℃温箱中培养 3~5 d。

(4)检查实验结果:观察醋酸铅试纸及醋酸铅柱体琼脂穿刺线是否变成黑褐色,如有黑褐色出现,则说明有 H₂S 生成,该变化反应如下:

$$H_2S + Pb(CH_3COO)_2 \longrightarrow PbS\downarrow + 2CH_3COOH$$
$$\text{黑褐色}$$

## 五、预期结果

实验结果如图 4-13(彩图 4-13)所示。

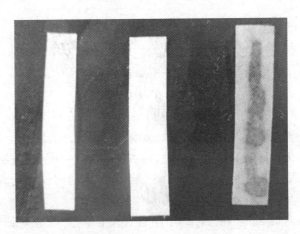

**图 4-13　硫化氢产生实验**

图中试管和滤纸条顺序为:大肠杆菌(左)、对照(中)、变形杆菌(右)

## 六、讨论

1. 写出实验报告。

2. 简述硫化氢生成的化学过程。

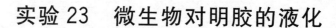

# 实验 23　微生物对明胶的液化

## 一、实验目的

掌握微生物分解明胶的原理及其检测方法。

## 二、实验原理

微生物可以利用各种蛋白质和氨基酸作为氮源外,当缺乏糖类物质时,亦可用它们作为碳源和能源。明胶是由胶原蛋白经水解产生的蛋白质,低于 20℃时凝成固体,高于 24℃时则自行液化成液体。某些微生物可产生蛋白酶(或称明胶液化酶),分解明胶后,明胶分子变小,虽低于 20℃亦不再凝固。利用此特点,用以鉴定某些微生物,即能产生明胶液化酶的微生物能使明胶液化,无此酶的微生物则不能液化明胶。

## 三、实验材料

1. 枯草芽孢杆菌($B. subtilis$)和大肠杆菌($E. coli$)斜面菌种。
2. 明胶柱体培养基。

## 四、操作步骤

(1)取明胶培养基 3 管,用记号笔标明各管欲接种的菌名。1 管穿刺接种枯草芽孢杆菌,1 管穿刺接种大肠杆菌,1 管不接种作对照。

(2)将接种后的试管置20℃中,培养。

(3)分别于培养 2、7、10、14 d 时,在 20℃ 以下温室中观察明胶是否液化及液化后的形状(如漏斗状等)。若菌已生长,明胶表面无凹陷且为稳定的凝块,则明胶不液化;如果明胶凝块中的部分或全部变为液体,则明胶被细菌产生的明胶液化酶所分解而液化。

有的细菌在 20℃ 时不生长或生长缓慢,则可先放在 30～37℃培养后,再置于 4℃冰箱中经 0.5 h 后取出观察,具明胶液化酶者,虽经低温处理,明胶仍呈液态而不凝固。(注意:明胶耐热性低,若在高于 100℃下,较长时间灭菌,能破坏其凝固性。因此,在制备明胶培养基灭菌时应特别注意,灭菌的温度不能过高,时间不能太长。)

## 五、预期结果

实验结果如图 4-14(彩图 4-14)所示。

**图 4-14　明胶液化实验结果**
左侧试管接种大肠杆菌,
右侧试管接种枯草芽孢杆菌

## 六、讨论

1. 写出实验报告。
2. 接种后的明胶试管可以在 35℃ 培养,培养后如何操作才能证明水解的存在?
3. 明胶液化试验在微生物鉴定工作中有何作用?

# 实验 24  吲哚试验

## 一、实验目的

了解吲哚反应的原理及其在细菌鉴定中的意义和方法。

## 二、实验原理

有些细菌能产生色氨酸酶,能分解蛋白胨中的色氨酸产生吲哚(靛基质)和丙酮酸。吲哚无色,不能直接观察,当加入对二甲基氨基苯甲醛(*para-dimthy-laminobenzaldehyde*)试剂后,使之与吲哚作用而形成红色的玫瑰吲哚,则易为肉眼识别。其反应如下:

$$
\begin{array}{c}
\text{(}L\text{-色氨酸)} \quad\xrightarrow{+H_2O}\quad \text{(吲哚)} \\
+CH_3COCOOH+NH_3 \\
\text{(丙酮酸)} \\
\text{(对二甲基氨基苯甲醛)} \quad\xrightarrow[H^+]{-H_2O} \\
\text{(红色玫瑰吲哚)}
\end{array}
$$

但并非所有微生物都具有分解色氨酸产生吲哚的能力,因此吲哚试验可以作为一个生物化学检测的指标。

## 三、实验材料

1. 金黄色葡萄球菌(*Staphylococcus aureus*)和大肠杆菌培养 24～48 h 菌种。
2. 蛋白胨液体培养基。
3. 乙醚、对二甲基氨基苯甲醛试剂(或称 Kovac's 试剂)等。

89

## 四、操作步骤

（1）取蛋白胨液体培养基 3 管，用记号笔标明各管欲接种的菌名。其中 1 管接种金黄色葡萄球菌，1 管接种大肠杆菌，1 管不接种作对照。

（2）将接种后的试管置 37℃ 温箱中培养。

（3）培养 48 h 后取出，沿试管壁慢慢加入 Kovac's 试剂 5～10 滴于液面上，在液层界面发生玫瑰红色者为阳性反应，仍为黄色者为阴性。若颜色不明显，可加 4～5 滴乙醚，摇动，使乙醚分散于液体中。然后将培养物静置桌上，待乙醚浮至液面后再加 Kovac's 试剂。这样，若培养液中有吲哚存在，吲哚就可以被提取而集中在乙醚层中，浓缩的吲哚遇试剂后，颜色反应则较明显。（注意：配制蛋白胨水培养基，所用的蛋白胨最好用含色氨酸高的，如用胰蛋白酶水解酪素得到的蛋白胨中色氨酸含量较高。）

## 五、预期结果

实验结果如图 4-15（彩图 4-15）所示。

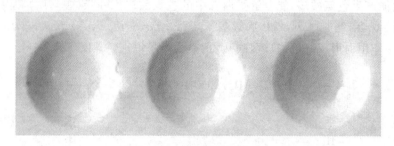

**图 4-15　吲哚实验检测结果**
从左到右依次为对照、金黄色葡萄球菌、大肠杆菌

## 六、讨论

1. 写出实验报告。

2. 解释在细菌培养中吲哚检测的化学原理，为什么在这个试验中用吲哚的存在作为色氨酸活性的指示剂，而不用丙酮酸？

# 实验 25　石蕊牛奶反应

## 一、实验目的

了解石蕊牛奶反应的原理及其在细菌鉴定中的意义和方法。

## 二、实验原理

牛奶中主要含有乳糖、酪蛋白等。微生物对牛奶的利用主要是指对乳糖和酪蛋白的分解作用。在牛奶中加入石蕊作为酸碱指示剂和氧化还原指示剂。石蕊在中性时呈淡紫色、酸性呈粉红色、碱性时呈蓝色，石蕊被还原时则部分或全部褪色(一般是自下而上褪色)。微生物对牛奶的作用可分为下列几种情况：

(1)产酸和酸凝固作用　细菌发酵乳糖后产生酸，使石蕊牛奶变红。当酸度很高时，可使牛奶凝固，称"酸凝固"。

(2)产碱和凝乳酶凝固作用　细菌分解酪蛋白后产生碱性物质，使石蕊变蓝。某些细菌能产生凝乳酶，使牛奶中的酪蛋白在中性环境中凝固，此时石蕊牛奶不变色。通常这类细菌还能分解酪蛋白产生碱性物质而使石蕊变蓝。

(3)胨化和还原作用　细菌产生蛋白酶水解酪蛋白，使牛奶变得清亮透明，此即胨化作用。胨化作用可以在酸性或碱性条件下进行，并且一般石蕊色素被还原褪色。因为，还原是微生物在培养基中旺盛繁殖后，使培养基的氧化还原电位降低，从而使石蕊色素被还原而褪色。

## 三、实验材料

1. 培养 24～48 h 的试验菌种。
2. 石蕊牛奶培养基。

## 四、操作步骤

(1)取石蕊牛奶培养基 2 支，1 支接种大肠杆菌，另 1 支不接种作对照。

(2)接种完后放入 30～37℃温箱中培养 7 d。

(3)观察试验结果：培养时间结束后取出观察结果。若发现牛奶被凝固，而石蕊呈紫色或蓝色者，为凝乳酶凝固；如牛奶被凝固，而石蕊呈红色，为酸凝固；若牛奶变清(石蕊呈红色或蓝色或无色)为胨化作用。（注意：制备石蕊牛奶培养基时，最好用新鲜牛奶，否则需调 pH，调过 pH 的牛奶色调不正。）

## 五、预期结果

实验结果如图 4-16(彩图 4-16)所示。

## 六、讨论

1. 写出实验报告。
2. 解释在石蕊牛奶中的石蕊为什么能起到氧化还原指示剂的作用？

**图 4-16　石蕊牛奶反应实验结果**

试管从左到右依次是对照、
酸凝固、胨化作用

# 实验 26　微生物对硝酸盐的还原

## 一、实验目的

了解硝酸盐还原反应的原理及其在细菌鉴定中的意义和方法。

## 二、实验原理

某些微生物具有硝酸还原酶,能把培养基中的硝酸还原为亚硝酸、氨和氮等。当在培养液中加入格利斯(Griess)试剂时,则溶液呈绛红色、粉红色。当亚硝酸浓度大、作用时间长时,则由红色变为橙色、棕色。

亚硝酸和格利斯试剂作用时,其反应如下:

$$对氨基苯磺酸 +HNO_2 \xrightarrow{重氮化作用} 对重氮苯磺酸 +2H_2O$$

$$对重氮苯磺酸 + \alpha-萘胺 \longrightarrow N-\alpha-萘胺偶氮苯磺酸(红色)$$

## 三、实验材料

1. 培养 24~48 h 的大肠杆菌和枯草芽孢杆菌斜面菌种。

2. 硝酸盐液体培养基。

3. 格利斯试剂、白瓷比色板。

## 四、操作步骤

(1)取硝酸盐液体培养基 6 支,2 支接种大肠杆菌,2 支接种枯草芽孢杆菌,2 支不接种作对照。

(2)放入 37℃温箱中培养 48~96 h。

(3)培养完毕,各取培养液 2~4 滴,分别置于白瓷比色板的凹窝处,再滴入 1~2 滴格利斯试剂 A 液,然后再加入等量的格利斯试剂 B 液。如溶液变为红色、橙色或棕色,表示有亚硝酸存在,为硝酸还原阳性反应。

## 五、预期结果

实验结果如图 4-17(彩图 4-17)所示。

**图 4-17　微生物对硝酸盐还原实验**

从左到右依次为枯草芽孢杆菌、大肠杆菌培养液、对照

## 六、讨论

写出实验报告。

# 实验 27　细菌细胞总 DNA(genomic DNA)提取

## 一、实验目的

1. 掌握小量提取细菌总 DNA 的方法。
2. 学习琼脂糖凝胶电泳检测 DNA 技术。

## 二、实验原理

碱性条件下使细胞裂解,然后用高浓度 NaCl 沉淀蛋白质等杂质,用酚和氯仿进行抽提,进一步去除杂质,异丙醇沉淀,得到纯度较高的 DNA。

琼脂糖是一种天然聚合长链状分子,可以形成具有刚性的滤孔,琼脂糖的浓度决定凝胶孔径的大小。DNA 分子在碱性缓冲液中带负电荷,在外加电场作用下向正极泳动。不同 DNA 的分子量大小及构型、电泳时的速率不同,以分子量标准作为参照可以将 DNA 样品区分开。

## 三、实验材料

1. 大肠杆菌 *E. coli*,pH 8.0 TE 缓冲液,溶菌酶,蛋白酶 K,酚∶氯仿∶异戊醇(25∶24∶1),异丙醇,70％乙醇,电泳缓冲液(1×TBE),琼脂糖,6×loading Buffer,溴化乙锭(EB)染液。
2. 离心机,水浴锅,微波炉,电泳仪,凝胶成像系统。

## 四、操作步骤

### (一)细菌总 DNA 的提取

(1)细菌培养。细菌接种于 5 mL LB 液体培养基中,37℃摇床(200 r/min)培养过夜。

(2)菌体收集。取 1 mL 培养物于 1.5 mL EP 管中,室温 8 000 r/min 离心 5 min,弃上清液。

(3)沉淀重新悬浮于 565 μL TE(pH 8.0)缓冲液中。(注意:充分悬浮。)

(4)菌体裂解。加入 4 μL 50 mg/mL 的溶菌酶,20 μL 5 mol/L NaCl 37℃水浴处理 2 h;再加入 10% SDS 110 μL,20 mg/mL 的蛋白酶 K 3 μL,55℃水浴处理 1 h。(注意:此时菌液应为透明黏稠液体。)

(5)抽提。菌液均分到两个 1.5 mL EP 管,加等体积的酚∶氯仿∶异戊醇(25∶24∶1),混匀,室温放置 5～10 min,12 000 r/min 离心 10 min。抽提 2 次。(注意:上清液黏稠,吸取时应小心,最好枪头尖应剪去。)

(6)沉淀。加 0.6 倍体积的异丙醇,混匀(轻轻上下颠倒 EP 管),室温放置 10 min。12 000 r/min 离心 10 min。

(7)洗涤。沉淀用 70% 的乙醇洗涤 2 次。

(8)抽干后,溶于 30 μL TE 缓冲液中,取 3 μL 电泳(用 0.7% 的琼脂糖凝胶,加上 DNA Marker)检测,并可用作 PCR 模板。

**(二)琼脂糖凝胶电泳**

(1)称取琼脂糖,用适当的电泳缓冲液(1×TBE)配制成所需的浓度。

(2)置微波炉中加热煮沸,直至琼脂糖完全溶解(随时观察,不要局部沸腾或烧焦)。

(3)凝胶溶液冷却至 50℃左右,倒入电泳胶盘中(避免出现气泡),室温放置至胶凝固,小心拔出梳子。

(4)取 3 μL DNA 样品,并向其中加入 6×loading Buffer,混匀,用移液器小心加到点样孔中,以稳定电压(5～8 V/cm)电泳。

(5)电泳完毕取出凝胶,在 0.5 μg/mL 溴化乙锭(EB)染液中浸泡染色 15～20 min,用凝胶成像系统观察拍照。(注意:EB 染液有毒,操作时戴一次性手套,不要污染其他物品;EB 可与 DNA 分子形成复合物,在紫外光照射下发射荧光。)

## 五、预期结果

实验结果如图 4-18 所示。电泳时,注意用 DNA 分子量 Marker 作为参照,电泳时间和琼脂糖凝胶的浓度会影响电泳效果。

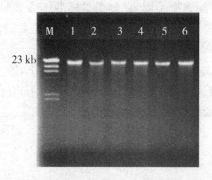

图 4-18　总 DNA 电泳结果

## 六、讨论

1. 写出实验报告。
2. 细菌细胞总 DNA 提取实验步骤中哪些可以改进？
3. 电泳检测 DNA 时如何选择琼脂糖的浓度？

# 实验 28　细菌 16S rRNA 基因的 PCR 扩增及序列分析

## 一、实验目的

1. 掌握 PCR(polymerase chain reaction)原理和方法。
2. 学习 DNA 序列分析常用方法。

## 二、实验原理

PCR 技术是一种体外模拟 DNA 复制，以总 DNA 为模板，两条已知序列的寡核苷酸为引物，在 DNA 聚合酶作用下，利用 dNTP 为原料，将位于两引物之间的目的 DNA 片段进行复制的试验技术。经过变性、退火、延伸 3 个步骤，每一个循环的产物作为下一个循环的模板，如此循环 20～30 次，将目的基因短时间内扩增几百万倍。

## 三、实验材料

1. 细菌基因组总 DNA，27F(5′-AGAGTTTGATCCTGGCTCAG-3′)和 1492R(5′-GGT-TACCTTGTTACGACTT-3′)为引物，dNTP，Taq DNA 聚合酶，ddH$_2$O。
2. Bio-lab PCR 扩增仪，ABI 3730 测序仪等。

## 四、操作步骤

(1)按以下扩增反应体系依次在 eppendorf(EP)管中添加 buffer 缓冲液、Mg$^{2+}$、dNTPs、引物 1、引物 2、Taq DNA 聚合酶和模板 DNA。反应体系为:10×扩增缓冲液 5 μL；MgCL$_2$ 3 μL；10 mmol/L dNTPs 1 μL；引物各 1 μL；Taq DNA 聚合酶 2～3 U；基因组总 DNA 0.5 μL；ddH$_2$O 补足 50 μL 体积。(注意:添加试剂时更换枪头，无菌操作。)

(2)将 EP 管放入 PCR 仪，按下列条件设置程序。扩增反应条件为:94℃ 5 min 预变性；94℃ 50 s 变性，55℃ 50 s 退火，72℃ 1 min 30 s 延伸，30 个循环；72℃ 10 min 复性。PCR 产物电泳检测后冷冻保存，备用。

(3)PCR 产物送生物技术公司完成测序工作，(注意:送样时注意低温条件，尤其是夏天需要放在干冰中，以防过程中 DNA 被降解！)测序反应在 ABI3730 测序仪上进行。根据研究需要可以将获得的 16S rRNA 基因序列提交 GenBank 数据库，获得登录号。

(4)DNA 序列分析

①使用 Chimera-Checked 16S rRNA Gene Database (http://greengenes.lbl.gov/cgi-bin/nph-bel3_interface.cgi) 在线分析可能的嵌合体，并将明显的 chimera 序列去除。

②通过查找引物 27F 和 1492R，去除两端的载体序列。

③使用在线软件 (http://www-bimas.cit.nih.gov/molbio/read-seq/) 将序列转为 formats 格式。

④在 NCBI (http://www.ncbi.nlm.nih.gov) 上对序列进行初级比较。

⑤利用 MEGA program 中的 neighbor-joining 方法构建系统发育树，Bootstrap 检验系统树，自展次数为 1 000。

**图 4-19 PCR 产物琼脂糖凝胶电泳图**
第一泳道为目的基因条带

## 五、预期结果

预期结果见图 4-19 和图 4-20。

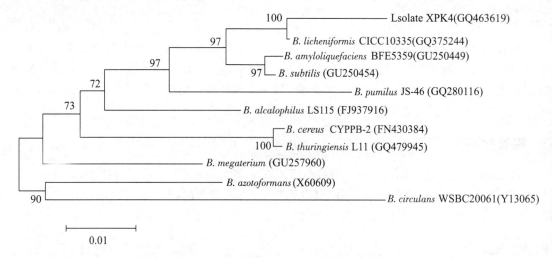

**图 4-20 基于 16S rDNA 序列系统发育树**

## 六、讨论

1. PCR 反应的注意事项有哪些？

2. 根据实验测定结果分析实验菌株的系统发育关系。

# 实验 29 微生物自动化鉴定

## 一、实验目的

1. 以 Biolog 微生物鉴定系统为例了解自动化鉴定系统使用的便捷、快速。

2. 了解 Biolog 微生物鉴定系统原理（图 4-21）。

图 4-21　Biolog 鉴定系统

农业微生物学实验技术

## 二、实验原理

随着物理、化学、计算机、分子生物学等学科在微生物学学科中的交叉应用,使得自动化鉴定微生物成为现实。目前常用的微生物自动化鉴定系统已经涉及农业应用领域、环境保护领域和医学领域。原理多集中于对微生物碳源利用的检测、生化反应及全细胞脂肪酸分析等。自动化鉴定系统离不开专业数据库的建立,自动化鉴定仪开发公司配备有专门的数据库,例如Biolog 微生物鉴定数据库,其容量是目前世界上最大的,可鉴定包括细菌、酵母和丝状真菌在内总计 1 973 种微生物,几乎涵盖了所有的人类、动物、植物病原菌以及食品和环境微生物。Biolog 的丝状真菌数据库(FF),可鉴定包括临床、工业、农业及环境中常见的青霉、曲霉、刺盘孢霉、镰刀霉、木霉、枝孢霉、穗霉等 600 多种丝状真菌。

利用微生物对不同碳源代谢率的差异,针对每一类微生物筛选 95 种不同碳源,配合四唑类显色物质(如 TTC、TV),固定于 96 孔板上(A1 孔为阴性对照),接种菌悬液后培养一定时间,通过检测微生物细胞利用不同碳源进行新陈代谢过程中产生的氧化还原酶与显色物质发生反应而导致的颜色变化(吸光度)以及由于微生物生长造成的浊度差异(浊度),与标准菌株数据库进行比对,即可得出最终鉴定结果。

## 三、实验材料

待鉴定菌种培养物;浊度标准液;微孔鉴定板;Biolog 鉴定系统等。

## 四、实验步骤

(1)用 Biolog 专用培养基将纯种扩大培养。
(2)按要求配制一定浊度(细胞浓度)的菌悬液。
(3)将菌悬液接种至微孔鉴定板(microplate),培养一定时间。
(4)将培养后的鉴定板放入读数仪中读数,软件自动给出鉴定结果。

## 五、预期结果

将鉴定板在自动分析仪中的读数结果输入计算机,经 Biolog 软件分析获得鉴定到种的结果。

## 六、讨论

在自动化鉴定系统中影响鉴定结果的因素有哪些?

# 实验 30 菌种保藏技术

## 一、实验目的

1. 了解菌种保藏的基本原理。
2. 掌握几种常用的菌种保藏方法。

## 二、实验原理

菌种保藏是运用物理、生物手段让菌种处于完全休眠状态,使在长时间储存后仍能保持菌种原有生物特性和生命力的菌种储存的措施。菌种在生命活动中由于受外界不良条件、病毒的伤害,往往会发生退化。保藏菌种可降低发生变异的频率。

菌种保藏是通过降低基质含水量、降低培养基营养成分或利用低温和降低氧分压的方法使其处于半休眠或全休眠状态,以延缓菌种衰老速度,降低发生变异的机会,从而使菌种保持良好的遗传特性和生理状态。

## 三、实验材料

1. 待保藏的适龄菌株斜面;肉汤蛋白胨斜面,肉汤液体培养基;30% 无菌甘油、石蜡油等。
2. 用于菌种保藏的小试管(10 mm×100 mm)数支、5 mL 无菌吸管、1 mL 无菌吸管、灭菌锅、真空泵、干燥器、冰箱无菌水、标签、接种针、接种环、棉花、角匙等。

## 四、实验步骤

### (一)斜面保藏

1. 贴标签

取无菌的肉汤蛋白胨斜面数支。在斜面的正上方距离试管口 2~3 cm 处贴上标签。在标签纸上写明接种的细菌菌名、培养基名称和接种日期。

2. 斜面接种

将待保藏的细菌用接种环无菌操作在斜面上划线接种。

3. 培养

置 37℃ 恒温箱中培养 48 h。

4. 保藏

斜面长好后,直接放入 4℃ 的冰箱中保藏。这种方法一般可保藏 3 个月至半年。也可加入无菌石蜡油后保藏。

5. 加石蜡油

无菌操作下将培养好的菌种上面加入大约 5 mL 石蜡油,加入的量以超过斜面或直立柱 1 cm 高为宜。

6. 保藏

石蜡油封存后,同样放入 4℃ 冰箱中保存。也可直接放在低温干燥处保藏。这种方法保藏期一般为 1～2 年。

## (二)砂土管保藏

1. 制作砂土管

选取过 40 目筛的黄砂,酸洗,再水洗至中性,烘干备用;过 120 目筛子的黄土备用;按 1 份土加 4 份砂的比例均匀混合后,装入小试管,装量高度在 1 cm 左右。

2. 灭菌

加压蒸汽灭菌,直至检测无菌为止。

3. 制备菌液

取 3 mL 无菌水至待保藏的菌种斜面中,用接种环轻轻刮下菌苔,振荡制成菌悬液。

4. 加样

用 1 mL 吸管吸取上述悬液 0.1 mL 至砂土管,再用接种环拌匀。

5. 干燥

把装好菌液的砂土管放入干燥器或同时用真空泵连续抽气,使之干燥。

6. 保藏

干燥后的砂土管可直接放入冰箱中保藏,也可以用石蜡封住棉塞后放冰箱中保藏。

## (三)液氮超低温保藏

液氮内的温度为 -196℃,在 -196～-136℃ 微生物细胞生长、呼吸、新陈代谢处于完全停止状态,从而能使菌种保存很长时间而不退化。

1. 培养菌种

在肉汤蛋白胨液体培养基中培养菌种过夜。

2. 菌种中加入保存液

取菌液 0.3～0.5 mL 于菌种保存管中,加入等量的 30% 无菌甘油,混匀。

3. 预冷

将待保存菌种管放入保温盒倒入少量液氮速冻。

4. 放入液氮罐

将上述保存菌种管放入液氮罐保藏。(注意:适时添加液氮。)

# 五、讨论

请说明几种菌种保藏技术的优缺点。

> **第五部分**

# 微生物育种技术

　　随着微生物应用研究的不断深入,单靠从自然界中筛选野生型菌株远不能满足人们对微生物菌株的众多要求。诱变育种,原生质体育种,生物技术定点诱变,基因组改组等各种育种技术不断发展,在微生物育种工作中发挥着重要作用。但它们各有特点,理化诱变育种技术由于其实施的便捷性与较高的突变频率往往是科研工作者首选的微生物育种技术,但也存在着诸如突变位点随机、目标性状菌株筛选困难等缺点。原生质体融合技术是介于随机突变育种与分子生物技术育种间的一项半定向育种技术,具有较高的重组频率,而且不受细胞表面特征和细胞遗传特征的限制,适于工业发酵菌株重组改性。而基因组改组则是基于原生质体融合技术的多亲本细胞杂交技术,在抗生素领域已有多个成功案例。本部分实验内容以微生物形态研究与纯种培养技术为基础,从操作细节着手,着重讲述微生物育种技术。

## 实验 31　紫外线诱变育种

### 一、实验目的

　　1. 掌握紫外线对枯草芽孢杆菌产生淀粉酶的诱变效应。
　　2. 学习并掌握物理诱变育种的基本方法。

### 二、实验原理

　　由于自发突变的概率仅为 $10^{-9} \sim 10^{-6}$,因此以微生物的自然变异为基础的育种方式的成功案例并不多见。实践中往往采用物理和化学因素处理微生物细胞,加大其变异频率,即所谓诱变育种,这是目前国内外提高菌种产量、改进性能的主要手段。

　　物理因素中目前使用的最多的是紫外线(UV),其具有方便、经济和不产生次生污染等特点。DNA 对紫外线有强烈的吸收作用,尤其是碱基中的嘧啶。紫外线辐射能引起 DNA 链的断裂、DNA 分子内和分子间的交联、核酸和蛋白质的交联、胞嘧啶的水合作用以及胸腺嘧啶二聚体的形成等。其中最主要的是使双链之间或同一条链上两个相邻的胸腺嘧啶形成二聚体,阻碍正常配对,从而引起突变。

　　可见光照射能激活光解酶(光裂合酶),将胸腺嘧啶二聚体解开而使 DNA 恢复正常。所以在利用 UV 进行诱变育种等工作时,应在红光下进行照射和后续操作,并放置在黑暗条件下培养。

## 三、实验材料

1. 枯草芽孢杆菌（*Bacillus subtilis*）BF7658；含有淀粉的液体培养基和琼脂培养基，LB 液体培养基；无菌生理盐水；碘液；盛有 4.5 mL 无菌水的试管；盛有 90 mL 无菌生理盐水和玻璃珠的 300 mL 三角瓶。

2. 1 mL 移液枪，1 mL 无菌枪头，玻璃涂棒，接种环，血细胞计数板，显微镜，紫外线灯（15 W），磁力搅拌器，台式离心机，超净工作台，摇床，培养箱。

## 四、操作步骤

1. 菌悬液的制备

(1)取培养 48 h 生长丰满的枯草芽孢杆菌 BF7658 斜面 1 支，加入 10 mL 无菌生理盐水，用接种环将菌苔洗下，将其倒入盛有 90 mL 无菌生理盐水和玻璃珠的 300 mL 三角瓶内，手摇或摇床振荡 10～15 min，以打散菌块。

(2)将上述菌液离心（3 000 r/min，10 min），弃去上清液。用无菌生理盐水将菌体洗涤 2～3 次，制成菌悬液。

(3)用显微镜直接计数法计数，通过添加无菌生理盐水调整菌悬液细胞浓度为 $10^8$ 细胞/mL。

2. 检测平板的制备

将淀粉琼脂培养基于微波炉中熔化，降温至 50℃ 左右倒平板，凝固后备用。（注意：每个平板的厚度要一致。）

3. 紫外线照射处理

(1)开启紫外灯，预热 10～20 min，使紫外线照射强度稳定。

(2)取直径 9 cm 的无菌培养皿 3 套，分别加入 3 mL 菌悬液，并放入一根无菌磁力搅拌棒。

(3)将上述培养皿分别置于超净工作台内的磁力搅拌器上，打开磁力搅拌器开关，搅拌菌悬液 0.5～1 min，然后打开培养皿上盖，在距离为 30 cm，功率为 15 W 的紫外灯下分别照射 30 s、1 min 以及 3 min。整个操作过程应在红灯下进行。

(4)盖上培养皿上盖，关闭紫外灯。

4. 稀释涂布平板

(1)用 10 倍稀释法把经过紫外线照射的菌悬液在无菌水试管中稀释成 $10^{-1}$～$10^{-6}$。

(2)取 $10^{-4}$、$10^{-5}$ 和 $10^{-6}$ 3 个稀释度涂平板，每个稀释度涂 3 套平板。每套平板加稀释菌悬液 0.1 mL，用无菌玻璃涂棒均匀地将其涂满整个平板表面，然后放置 30 min，使孢子悬液渗入培养基。

(3)以相同的操作，取未经紫外线照射处理的菌悬液稀释涂布平板作为对照。

5. 培养

将上述处理的平板用黑色的布或纸包好，于 37℃ 培养箱内倒置培养 48 h。（注意：每个平板背面需事先标明照射时间和稀释度。）

6. 计数

将培养好的平板取出进行菌落计数，计算出每毫升的菌落数（cfu）。

$$致死率=\frac{对照每毫升菌落数(cfu)-处理后每毫升菌落数(cfu)}{对照每毫升菌落数(cfu)}\times100\%$$

7. 观察诱变效应

选取 cfu 数在 5～6 之间的处理后涂布的平板,观察紫外线诱变效应。分别向平板内加入数滴碘液,在菌落周围将出现透明圈。分别测量透明圈直径与菌落直径并计算其比值(HC 比值)。与对照平板相比较,讨论诱变效应。

## 五、预期结果

1. 将紫外线诱变结果填入下表。

| | 每个培养皿中的平均菌落数 | | | 致死率/% |
|---|---|---|---|---|
| | $10^{-4}$ | $10^{-5}$ | $10^{-6}$ | |
| 0(对照) | | | | |
| 30 s | | | | |
| 1 min | | | | |
| 3 min | | | | |

2. 观察诱变效应,并填写 HC 比值于下表。

| 菌落 | 1 | 2 | 3 | 4 | 5 | 6 | …… |
|---|---|---|---|---|---|---|---|
| 0(对照) | | | | | | | |
| 30 s | | | | | | | |
| 1 min | | | | | | | |
| 3 min | | | | | | | |

## 六、讨论

1. 紫外线照射操作中,为什么要避免白炽灯照射?
2. 为什么紫外线照射过程中需要用磁力搅拌器搅拌菌悬液?

# 实验 32  亚硝基胍诱变育种

## 一、实验目的

1. 掌握亚硝基胍对米曲霉产生蛋白酶的诱变效应。
2. 学习并掌握化学诱变育种的基本方法。

## 二、实验原理

亚硝基胍(NTG,N-甲基-N′-硝基-N-亚硝基胍)是一种有效的化学诱变剂,在低致死率的情况下也有很强的诱变作用,故有超诱变剂之称。在碱性时 NTG 能形成重氮甲烷($CH_2N$),$CH_2N$ 能完化 DNA 而使基因突变;pH 5.0～5.5 时,NTG 形成 $HNO_2$,$HNO_2$ 本身也是诱变剂,引起氧化脱氨基作用;pH 6.0 时,NTG 本身不变化,可作用于核蛋白而引起诱变效应。

## 三、实验材料

1. 米曲霉(*Aspergillus oryzae*);酪素琼脂培养基;亚硝基胍;甲酰胺;硫代硫酸钠;NaOH;0.1 mol/L pH 6.0 的磷酸缓冲液;无菌水;盛有 4.5 mL 无菌生理盐水的试管;盛有 90 mL 0.1 mol/L pH 6.0 的磷酸缓冲液和玻璃珠的 300 mL 三角瓶。

2. 无菌移液管,玻璃涂棒,接种环,血细胞计数板,显微镜,分析天平,台式离心机,超净工作台,摇床,培养箱。

## 四、操作步骤

1. 孢子悬液的制备

(1)取培养 3～5 d 生长丰满的米曲霉斜面 1 支,加入 10 mL 无菌生理盐水用接种环将菌苔洗下,倒入盛有 90 mL 无菌生理盐水和玻璃珠的 300 mL 三角瓶内,手摇或摇床振荡 10～15 min,以打散孢子。

(2)将上述孢子液离心(3 000 r/min,10 min),弃去上清液。用磷酸盐缓冲液将孢子洗涤 2～3 次,制成孢子悬液。

(3)用显微镜直接计数法计数,通过添加磷酸盐缓冲液调整孢子悬液浓度为 $10^6$ 细胞/mL。

2. 检测平板的制备

将酪素琼脂培养基于微波炉中熔化,降温至 50℃左右后倒平板,凝固后备用。(注意:每个平板的厚度要一致。)

3. 亚硝基胍诱变处理

(1)分析天平秤取 0.200 g 亚硝基胍于无菌试管中,加入 0.05 mL 甲酰胺助溶,然后加入 2 mL 0.1 mol/L pH 6.0 的磷酸盐缓冲液,于暗处振荡溶解。

(2)移液枪吸取亚硝基胍溶液 1 mL,加入 1 mL 孢子悬液中,30℃振荡培养 30 min。

(3)将处理后的孢子悬液用无菌水洗涤孢子 3 次,以大量稀释法终止 NTG 的诱变作用。最后向离心管中加入 5 mL 无菌生理盐水,摇匀备用。

4. 稀释涂布平板

(1)用 10 倍稀释法把上述处理过的孢子悬液在无菌生理盐水试管中稀释成 $10^{-1}$～$10^{-6}$。

(2)取 $10^{-4}$、$10^{-5}$ 和 $10^{-6}$ 三个稀释度涂平板,每个稀释度涂 3 套平板。每套平板加稀释孢子悬液 0.1 mL,用无菌玻璃涂棒均匀地涂满整个平板表面,然后放置 30 min,使孢子悬液渗入培养基。

(3)以相同的操作,取未经亚硝基胍处理的孢子悬液稀释涂布平板作为对照。

5. 培养

将上述处理的平板放入 30℃培养箱内倒置培养 2～3 d。(注意:每个平板背面需事先标明是否经亚硝基胍处理过和稀释度。)

6. 计数

将培养好的平板取出进行菌落计数,计算出每毫升的菌落数(cfu)。

$$致死率 = \frac{对照每毫升菌落数(cfu) - 处理后每毫升菌落数(cfu)}{对照每毫升菌落数(cfu)} \times 100\%$$

7. 观察诱变效应

选取 cfu 数在 5～6 之间的处理后涂布的平板,观察亚硝基胍诱变效应。分别测量菌落周围出现的透明圈直径与菌落直径并计算其比值(HC 比值)。与对照平板相比较,讨论诱变效应。

注意:NTG 是一种超诱变剂,需小心操作。称量药品时,戴好塑料手套和口罩,称量纸用完后立即烧毁;取样需用橡皮头的移液管,决不能直接用嘴吸;接触沾染有 NTG 的移液管、离心管、试管、三角瓶等玻璃器皿,需浸泡于 0.5 mol/L 硫代硫酸钠溶液中,置通风处过夜,然后再用水充分冲洗;溶液外溢时,用蘸浸硫代硫酸钠溶液的抹布擦洗;诱变处理后含 NTG 的磷酸盐缓冲液及稀释液,需立即倒入浓 NaOH 溶液中,若手接触 NTG,应立即用水清洗。NTG 在可见光下会放出 NO,使溶液颜色由土黄色变为黄绿色,故应避光保存。

## 五、预期结果

1. 将亚硝基胍诱变结果填入下表。

| | 每个培养皿中的平均菌落数 | | | 致死率/% |
|---|---|---|---|---|
| | $10^{-4}$ | $10^{-5}$ | $10^{-6}$ | |
| 对照组 | | | | |
| 处理组 | | | | |

2. 观察诱变效应,并填写 HC 比值于下表。

| 菌落 | 1 | 2 | 3 | 4 | 5 | 6 | …… |
|---|---|---|---|---|---|---|---|
| 对照组 | | | | | | | |
| 处理组 | | | | | | | |

## 六、讨论

1. 亚硝基胍诱变机制是什么?
2. 亚硝基胍处理过程中应注意的问题有哪些?

# 实验 33　原生质体融合育种

## 一、实验目的

1. 了解原生质体融合技术的原理。
2. 学习并掌握以细菌为材料的原生质体融合技术。

## 二、实验原理

原核微生物基因重组主要可通过转化、转导、接合等途径,但有些微生物不适于采用这些途径,从而使育种工作受到一定的限制。1978 年第三届国际工业微生物遗传学讨论会上,有人提出微生物细胞原生质体融合这一基因重组手段,由于它具有许多特殊优点,目前已为国内外微生物育种工作所广泛研究和应用。

原生质体融合的主要优点有:①杂交频率高;②受接合型或致育性的限制小;③遗传物质传递更为完整;④存在着两株以上亲本同时参与融合形成融合子的可能;⑤有可能采用产量性状较高的菌株作为融合亲本;⑥提高菌株产量的潜力较大;⑦有助于建立工业微生物的转化体系。

由于原生质体融合后会出现两种情况:一种是真正的融合,即产生杂核二倍体或单倍重组体;另一种只发生质配,而无核配,形成异核体。两者都能在再生基本培养基平板上形成菌落,但前者稳定,而后者则不稳定。故在传代中将会分离为亲本类型。所以要获得真正融合子,必须进行几代的分离、纯化和选择。

## 三、实验材料

1. 枯草芽孢杆菌 AS1.398(Arg⁻ Leu⁻ Str$^s$Rif$^r$);地衣芽孢杆菌(Thr⁻ Ade⁻ Rif$^s$Str$^r$)。

2. 完全培养基(CM):蛋白胨 1%,牛肉膏 0.5%,NaCl 0.5%,葡萄糖 0.5%,pH 7.0～7.2。

CM 固体培养基:液体 CM 培养基中加入 1.5% 琼脂(若加入 0.5 mol/L 蔗糖和 20 mmol/L MgCl$_2$ 则成高渗再生培养基)。

基本培养基(MM):葡萄糖 0.5%,K$_2$HPO$_4$ 1.4%,KH$_2$PO$_4$ 0.6%,柠檬酸钠 0.1%,(NH$_4$)$_2$SO$_4$ 0.2%,MgSO$_4$·7H$_2$O 0.02%,琼脂 1.5%,pH 7.0(若加入 0.5 mol/L 蔗糖和 20 mmol/L MgCl$_2$ 则成高渗基本培养基)。

3. 原生质体稳定液(SMM):蔗糖 0.5 mol/L,MgCl$_2$ 20 mol/L,顺丁烯二酸 0.02 mol/L,pH 6.5。

4. 其他溶液:30%聚乙二醇(PEG-4 000)的 SMM 溶液,溶菌酶酶活为(10 000±2 000)U/mg,生理盐水,无菌水。

5. 培养皿,无菌移液管,试管,容量瓶,三角瓶,玻璃涂棒,接种环,血细胞计数板,显微镜,721 分光光度仪,细菌过滤器,分析天平,台式离心机,超净工作台,摇床,培养箱。

## 四、操作步骤

1. 原生质体的制备

(1)取亲本菌株新鲜斜面分别接一环到装有液体 CM 培养基的三角瓶中,30℃振荡培养 19～20 h。

(2)各取菌液 10 mL,3 000 r/min 离心 10 min,弃上清液。振散菌体,加入 SMM 至原体积,再离心洗涤两次,将菌体悬浮于 10 mL SMM 中,每毫升含 10$^8$～10$^9$ 活菌为宜。

(3)各取菌液 0.5 mL,用生理盐水稀释,取 10$^{-5}$、10$^{-6}$ 和 10$^{-7}$ 各 0.1 mL(每个稀释度作 3 个平板)、涂布 CM 固体培养基,30℃培养 24 h 后计数。此为未经溶菌酶处理的总菌数。

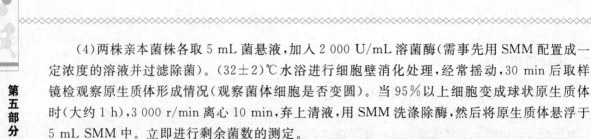

(4)两株亲本菌株各取 5 mL 菌悬液,加入 2 000 U/mL 溶菌酶(需事先用 SMM 配置成一定浓度的溶液并过滤除菌)。(32±2)℃水浴进行细胞壁消化处理,经常摇动,30 min 后取样镜检观察原生质体形成情况(观察菌体细胞是否变圆)。当 95%以上细胞变成球状原生质体时(大约 1 h),3 000 r/min 离心 10 min,弃上清液,用 SMM 洗涤除酶,然后将原生质体悬浮于 5 mL SMM 中。立即进行剩余菌数的测定。

(5)取 0.5 mL 上述原生质体悬液,用无菌水稀释,使原生质体在低渗条件下裂解死亡,取 $10^{-2}$、$10^{-3}$ 和 $10^{-4}$ 稀释液各 0.1 mL,涂布于 CM 固体培养基,30℃培养 24～48 h,生长出的菌落应是未被溶菌酶除壁的剩余菌体细胞。计算溶菌酶处理后剩余细胞数,并分别计算双亲本的原生质体形成率。

$$原生质体数=未经酶处理的总菌数-经酶处理后剩余的菌数$$

$$原生质体形成率=\frac{原生质体数}{未经酶处理总菌数}\times100\%$$

2. 原生质体再生

将原生质体悬液于 SMM 中梯度稀释,取 $10^{-2}$、$10^{-3}$ 和 $10^{-4}$ 稀释液各 0.1 mL,涂布于高渗再生培养基,30℃培养 24～48 h,测定再生菌落数,计算再生率。

$$再生率=\frac{再生培养基上总菌数-经酶处理后剩余菌数}{原生质体数}\times100\%$$

3. 原生质体融合

吸取两亲本原生质体各 1 mL 加入离心管,放置 5 min,2 500 r/min 离心 10 min,倾去上清液,加入 0.2 mL SMM 混匀,再加入 1.8 mL PEG 溶液,轻轻摇匀,40℃ 处理 3 min。2 500 r/min离心 10 min,收集菌体,将沉淀充分悬浮于 2 mL SMM 中。

4. 检出融合子

取 0.5 mL 融合液,用 SMM 作适当稀释,取 0.1 mL 菌液涂布于高渗再生培养基和高渗基本培养上,30℃培养 24～48 h。凡是在高渗基本培养基上生长的菌落,初步认为是融合子。检出融合子,转接传代,挑选遗传标记稳定的融合子,并进行计数,计算融合率。

$$融合率=融合子数/亲本再生的原生质体数\times100\%$$

## 五、预期结果

计算细菌原生质体再生率及融合率。

## 六、讨论

1. 写出细菌原生质体融合的主要步骤与注意事项。
2. 双亲本细胞培养过程中能否通过添加青霉素达到除壁的效果?何时添加?
3. 为什么在挑选融合子过程中需要多次转接传代?

# 实验 34　基因组改组技术

## 一、实验目的

1. 了解基因组改组技术的原理。
2. 学习掌握基因组改组技术的操作流程。

## 二、实验原理

随着 DNA 重排等定向进化技术的发展，1998 年 Maxygen 公司的 Stemmer 等提出了一种新的分子育种方法——全基因组改组技术（genome shuffling）。这种技术是分子定向进化在全基因组水平上的延伸，它将重组的对象从单个基因扩展到整个基因组，因此可以在更为广泛的范围内对菌种的目的性状进行优化组合。

要进行基因组改组，首先需要有一个含有各种不同正突变的基因组库（如通过经典的诱变育种得到目的性状发生改进的不同的正突变株就构成了所需的基因组库），随后通过原生质体融合将这些正突变菌株的全基因组进行随机重组，并筛选目的性状得到进一步改进的菌株来进行下一轮基因组重排，这样通过循环多轮的随机重组，可以快速、高效地选育出表型得到较大改进的杂交菌种。

同经典的诱变方法相比，在菌株的基因型和表型的相关性机制并不清楚的情况下，通过基因组改组技术可以更为快速和高效地筛选出优良菌株，而且这些菌株往往剔除了负突变而集多种正突变于一体，因此在很大程度上弥补了经典诱变方法的缺陷。

## 三、实验材料

1. 液体培养基：葡萄糖 10%，酵母膏 0.5%，蛋白胨 0.5%，$NH_4Cl$ 0.13%，$MgSO_4 \cdot 7H_2O$ 0.065%，$CaCl_2$ 0.006%，pH 4.5~5.0，0.06 MPa 灭菌 20 min。

固体培养基：液体培养基中含 2% 琼脂。

高渗培养基：固体培养基中含 17% 蔗糖。

2. 蜗牛酶高渗缓冲液：将 2 mg 蜗牛酶、0.1 g EDTA、0.3 g 巯基乙醇加入含有 0.8 mol/L 甘露醇的磷酸缓冲液中。

3. 酿酒酵母，35% 聚乙二醇（PEG-6000）溶液，0.1 mol/L pH 6.0 磷酸缓冲液，生理盐水，无菌水。

4. 培养皿，无菌移液管，试管，容量瓶，三角瓶，玻璃涂棒，15 W 紫外灯，接种环，血细胞计数板，显微镜，721 分光光度仪，细菌过滤器，分析天平，台式离心机，超净工作台，摇床，培养箱。

## 四、操作步骤

1. 构建突变菌种库

以实验室常规酿酒酵母为出发株在 15 W 紫外灯下照射诱变，致死率控制在 90% 左右。

将处理后的细胞,分别稀释涂布含7％、9％、11％和13％的乙醇浓度的平板,每个稀释度每个乙醇浓度涂布3套平板,并用透明胶带封住培养皿以降低乙醇挥发。然后分别在30℃、35℃和40℃倒置培养。以平板上菌落形成时间短、耐乙醇浓度高以及耐高温培养等作为筛选目标,获得若干株正突变菌株,每个正突变株包含一种或多种目标性状,如菌株1生长速率快、菌株2耐高浓度乙醇、菌株3耐高温且生长快。

2. 基因组改组

(1)将培养好的含有上述突变株的液体培养基离心洗涤,收集细胞,加入含有蜗牛酶高渗缓冲液,30℃振荡保温,定时取样镜检观察至细胞变成球状为止,此时原生质体形成。

(2)将上述多亲株原生质体等量混合,在35％ PEG-6000 的促融下对各正突变株的全基因组进行第一轮随机重组。

(3)采用35℃,9％乙醇浓度的高渗培养基平板进行融合子筛选。以第一轮亲株作为对照,将生长速率较快、菌落直径较大的融合子挑选出来,作为第二轮的亲株。

(4)将上述多亲株制备原生质体,进行第二轮重排。采用35℃,11％乙醇浓度的高渗培养基平板进行融合子筛选。以第一轮亲株作为对照,将生长速率较快、菌落直径较大的融合子挑选出来,作为第三轮的亲株。

(5)将上述多亲株制备原生质体,进行第三轮重排。然后倾倒于40℃,13％乙醇浓度的高渗培养基平板,挑选生长快、菌落大的菌株。

(6)将筛选得到的目标融合子接种于液体培养基中,40℃摇瓶振荡培养,观察在发酵过程中产乙醇的能力,以原始菌株为对照。

## 五、预期结果

1. 计算酵母原生质体再生率及融合率。
2. 比较目标融合子与原始菌株发酵生产乙醇的能力。

## 六、讨论

1. 简述基因组改组技术与原生质体融合技术的区别与联系。
2. 与传统理化诱变育种相比,基因组改组技术的优势有哪些?

# 实验 35　细菌接合作用

## 一、实验目的

1. 了解在自然条件下微生物遗传信息传递的方式。
2. 掌握细菌质粒转移的原理和流程。

## 二、实验原理

1946 年,Lederberg 和 Tatum 把两株不同营养缺陷型的大肠杆菌混合培养在基本培养基上,出现野生型(原养型)菌落,揭示了细菌杂交的奥秘。根据对细菌接合行为的研究,发现了大肠杆菌有性的分化。决定它们性别的因子称为 F 因子(即致育因子或性质粒),是一种在染色体之外的小型独立的环状 DNA,具有自主复制和转移到其他细胞中去的能力。根据 F 因子的有无和存在方式的不同,大肠杆菌具有 4 种接合类型:$F^+$、$F^-$、Hfr 和 $F'$。

细菌杂交的方法一般有三种:

(1)直接将处于对数生长期的供体菌与受体菌培养液适量混合,涂布选择培养基或基本培养基平板上进行培养。

(2)将处于对数生长期的供体菌和受体菌培养液离心收集细胞,适量混合于半固体培养基中,倾倒于选择培养基或基本培养基平板上进行培养。

(3)将处于对数生长期的供体菌和受体菌培养液以适量比例混合,水浴保温培养一段时间。期间适当轻轻摇动三角瓶使其充分结合转移。经过 90～100 min,定量吸取接合菌液,混合于半固体培养基中,倾倒于选择培养基或基本培养基平板上进行培养。

为了提高杂交频率,可利用对温度敏感的 $F'$ 菌株在 42℃时易从细胞中丢失 $F'$ 因子,而整合到染色体上后不易丢失的原理获得 Hfr 菌株。

## 三、实验材料

1. 根据细菌接合原理,本实验采用对链霉素敏感的供体菌(Hfr 菌株)和带有营养缺陷标记且对链霉素抗性的受体菌($F^-$ 菌株)混合培养于含有链霉素的基本培养基上选择杂交子,以杂交子的数目推算出杂交频率。

2. 肉汤培养基:牛肉膏 0.5%,蛋白胨 1%,NaCl 0.5%,pH 7.2～7.4,0.12 MPa 灭菌 20 min。

基本培养基:葡萄糖 0.5%,$(NH_4)_2SO_4$ 0.2%,柠檬酸钠 0.1%,$MgSO_4 \cdot 7H_2O$ 0.02%,$K_2HPO_4$ 0.4%,$KH_2PO_4$ 0.6%,琼脂 2%,蒸馏水,pH 7.0～7.2,0.12 MPa 灭菌 20 min。

半固体培养基:基本培养基中加琼脂 0.6%～0.8%和适量链霉素。

3. 无菌水,培养皿,无菌移液管,试管,三角瓶,恒温水浴,分析天平,台式离心机,超净工作台,摇床,培养箱。

## 四、操作步骤

(1)取保存菌种斜面 1 环,接种于盛有 5 mL 肉汤培养基的试管中,置于 37℃培养过夜。

(2)于每支试管中加入 5 mL 新鲜的肉汤培养基,摇匀,然后将其等量分为 2 支试管,置于 37℃继续培养 3～5 h。

(3)取培养液,分别倒入无菌离心管中,3 500 r/min,10 min。收集菌体,然后用无菌水离心洗涤 2 次。之后将菌体充分悬浮于 5 mL 无菌水中。

(4)杂交

①取 5 支无菌试管,每管加入 3 mL 熔化好的半固体培养基,并与 50℃水浴保温。

②1 支对照试管中加入 Hfr 菌液 1 mL,1 支对照试管中加入 $F^-$ 菌液 1 mL,其余 3 支试管加入供体菌(Hfr)和受体菌($F^-$)的菌悬液各 0.5 mL,充分混合。

③将上述试管中含菌的半固体培养基迅速倾于底层为基本培养基的平板上,轻轻摇匀,凝固后置于 37℃培养 48 h。

## 五、预期结果

将各平板上长出的菌落数填入下表。

|  | 培养皿 I | 培养皿 II | 培养皿 III | 培养皿 IV | 培养皿 V |
|---|---|---|---|---|---|
| Hfr |  |  |  |  |  |
| F$^-$ |  |  |  |  |  |
| Hfr×F$^-$ |  |  |  |  |  |

## 六、讨论

1. 细菌接合原理是什么?
2. 如何获得 Hfr 菌株?

# 实验 36　营养缺陷型的筛选

## 一、实验目的

1. 了解营养缺陷型突变株选育的原理。
2. 学习并掌握大肠杆菌营养缺陷型的诱变、筛选与鉴定方法。

## 二、实验原理

营养缺陷型是野生型菌株由于诱变处理,使编码合成代谢途径中某些酶的基因突变,丧失了合成某种代谢产物(如氨基酸、核酸碱基、维生素)的能力。它不能生长在基本培养基上,而只能生长在完全培养基上。

营养缺陷型的筛选一般要经过诱变、浓缩缺陷型、检出和鉴定缺陷型 4 个步骤。经处理后的细菌,缺陷型还是相当少的,必须设法淘汰野生型细胞,提高营养缺陷型细胞所占比例,以达到浓缩缺陷型的目的。根据微生物的不同,浓缩缺陷型的方法有青霉素法、菌丝过滤法、差别杀菌法、饥饿法等,其中青霉素法适用于细菌。由于青霉素只能杀灭生长的细胞,对不生长的细胞没有致死作用,所以在含有青霉素的基本培养基中,野生型能生长而被杀死,缺陷型不能生长而被保留下来,得以浓缩。

## 三、实验材料

1. 大肠杆菌 E. coli K$_{12}$SF$^+$ 菌株。
2. 肉汤培养基:牛肉膏 0.5%,蛋白胨 1%,NaCl 0.5%,pH 7.2。

加倍营养肉汤培养基:牛肉膏 1%,蛋白胨 2%,NaCl 1%,pH 7.2。

无氮基本液体培养基:葡萄糖 2%,柠檬酸钠·3H$_2$O 0.5%,MgSO$_4$·7H$_2$O 0.01%,K$_2$HPO$_4$ 0.7%,KH$_2$PO$_4$ 0.3%,蒸馏水,pH 7.0,0.12 MPa 灭菌 20 min。

二氮基本液体培养基:在无氮基本液体培养基的基础上加(NH$_4$)$_2$SO$_4$ 0.2%,pH 7.0。

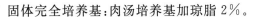

固体完全培养基:肉汤培养基加琼脂 2%。

固体基本培养基:葡萄糖 2%,浓缩 50 倍的基本液体培养基 2 mL,处理琼脂 2%,蒸馏水配置,pH 7.0。

浓缩 50 倍的基本液体培养基:柠檬酸钠 100 g,$MgSO_4 \cdot 7H_2O$ 10 g,$K_2HPO_4 \cdot 3H_2O$ 656.31 g,$KH_2PO_4 \cdot 2H_2O$ 599.88 g,$NaNH_4HPO_4 \cdot 4H_2O$ 175 g,加蒸馏水 1 000 mL,冰箱冷藏备用。

3. 混合氨基酸及核苷酸、混合维生素(若所用氨基酸为 DL 型,用量需加倍):氨基酸(包括核苷酸)分 7 组,其中前 6 组每组含有 6 种氨基酸(包括核苷酸),每种氨基酸(包括核苷酸)等量研细充分混合。第 7 组是脯氨酸,因为这种氨基酸容易潮解,所以单独成一组。把维生素 $B_1$、维生素 $B_2$、维生素 $B_6$、泛酸、对氨基苯甲酸(BAPA)、烟碱酸及生物素等量研细,充分混合,配成混合维生素。详细情况见表 5-1。

表 5-1　混合氨基酸及核苷酸、混合维生素的配制

| 组别 | 成　　分 | | | | | |
| --- | --- | --- | --- | --- | --- | --- |
| 第 1 组 | 赖 | 精 | 甲硫 | 半胱 | 胱 | 嘌 |
| 第 2 组 | 组 | 精 | 苏 | 谷 | 天冬 | 嘧 |
| 第 3 组 | 丙 | 甲硫 | 苏 | 羟脯 | 苷 | 丝 |
| 第 4 组 | 亮 | 半胱 | 谷 | 羟脯 | 异亮 | 缬 |
| 第 5 组 | 苯丙 | 胱 | 天冬 | 苷 | 异亮 | 酪 |
| 第 6 组 | 色 | 嘌 | 嘧 | 丝 | 缬 | 酪 |
| 第 7 组 | 脯 | | | | | |
| 第 8 组 | 混合维生素(含多种常用的维生素) | | | | | |

4. 青霉素钠盐,无菌生理盐水,培养皿,无菌移液管,试管,三角瓶,15 W 紫外灯,血细胞计数板,显微镜,分析天平,台式离心机,超净工作台,摇床,培养箱。

## 四、操作步骤

1. 菌液制备

(1)取保存菌种斜面 1 环,接种于盛有 5 mL 肉汤培养基的三角瓶中,置于 37℃ 培养过夜。

(2)培养 2 d 后,向三角瓶中添加 5 mL 新鲜的肉汤培养基,摇匀,然后将其等量分为 2 只三角瓶,置于 37℃,继续培养 5 h。

(3)取培养液,分别倒入无菌离心管中,3 500 r/min,离心 10 min 收集菌体,然后用无菌生理盐水离心洗涤 2 次。之后将 2 管菌体合并为 1 管,充分悬浮于 5 mL 无菌水中。

2. 诱变处理(注意:整个操作过程应在红灯下完成。)

(1)吸取上述菌液 3 mL 注于 9 cm 无菌培养皿内,加入无菌磁力搅拌棒,将培养皿置于磁力搅拌器上,放在 15 W 紫外灯下,距离 30 cm。

(2)处理前应先开紫外灯稳定 10 min 后,开启磁力搅拌器进行搅拌,然后打开皿盖处理 1 min(致死率大约 70%),照射后先盖上皿盖,再关紫外灯。

(3)吸 3 mL 加倍营养肉汤培养液注入上述处理后的培养皿中,置于 37℃ 培养 12 h 以上

（中间培养）。

3. 淘汰野生型（青霉素法）

（1）吸 5 mL 上述经中间培养的培养液注入 1 支无菌离心管中，离心收集菌体，然后离心洗涤 3 次，制成与原体积相等的菌悬液。

（2）吸取上述菌液 0.1 mL 注入 5 mL 无氮基本液体培养基中，置于 37℃ 培养 12 h，再加入二氮基本液体培养基 5 mL，并加入适量青霉素钠盐，使其在菌液中的最终浓度约为 500 U/mL，置于 37℃ 培养。

（3）从培养 12、16、24 h 的菌液中各取 0.1 mL 注入相应培养皿中，分别倒入经熔化并冷却到 45～50℃ 的基本培养基（MM）和完全培养基（CM），不同时间的处理，各做 2 套培养皿，摇匀放平，待凝固后，置于 37℃ 培养。（注意：培养皿上注明培养时间。）

4. 缺陷型检出（逐个检出法）

（1）以上平板培养 36～48 h，进行菌落计数。选用在 CM 上长出的菌落数大小超过 MM 的那一组，用接种针挑取 CM 平板上长出的菌落 80 个，分别点种于 MM 与 CM 平板上（注意：先 MM 后 CM），依次点种，于 37℃ 培养。

（2）培养 12 h 后，选在 MM 上不长而在 CM 上生长的菌落，在 MM 平板上划线，于 37℃ 培养。24 h 后不生长的可能是营养缺陷型，准备鉴定。

5. 生长谱鉴定

（1）将可能是缺陷型的菌落接种于盛有 5 mL 肉汤培养液的小三角瓶中，37℃ 培养 14～16 h。

（2）3 500 r/min，离心 10 min，倒去上清液，打匀沉淀，然后离心洗涤 3 次，最后加无菌生理盐水至原体积。

（3）吸取上述菌液 1 mL，注入一无菌培养皿中，然后倒入熔化并冷却到 45～50℃ 的 MM，摇匀放平，待凝，共做 2 皿。

（4）将 2 只培养皿的皿底等分 8 格，依次放入混合氨基酸（包括核苷酸）、混合维生素和脯氨酸（加量要很少，否则会抑制菌的生长），然后放 37℃ 培养 24～48 h，观察生长圈，并确定是哪种营养缺陷型。

## 五、预期结果

1. 记录诱变处理的结果。
2. 记录生长谱鉴定的结果。
3. 你所鉴定的缺陷型是哪种缺陷型？生长圈在哪个区？

## 六、讨论

1. 营养缺陷型菌株的筛选步骤有哪些？
2. 为什么细菌营养缺陷型筛选要添加青霉素？

## 第六部分

# 免疫学技术

21世纪,随着生物学尤其是分子、遗传、环境、食品、医学等学科的发展,微生物免疫学在各个领域的作用越来越重要,已经成为许多科研领域中的重要研究手段,如常见的免疫酶技术和放射免疫技术等。

抗原和相应的抗体不管在机体内还是在机体外都能特异性结合,结合后可产生肉眼可以看到的凝集或沉淀反应。体外抗体多来自血清,因此也常把体外发生的抗原与抗体之间的反应称为血清学反应。

利用免疫学技术,可以对未知抗原或抗体进行检测和鉴定,并且可以进行定量分析。本部分主要介绍了抗血清的制备、直接凝集反应、双向免疫扩散实验、免疫电泳、酶联免疫吸附实验等较为常用的免疫学技术,旨在对免疫学技术有更进一步的了解,掌握基本的实验技术和方法。

# 实验 37  抗血清的制备

## 一、实验目的

1. 了解抗血清制备的基本原理。
2. 学习和掌握抗血清制备的操作步骤及方法。

## 二、实验原理

某种抗原注入健康动物,当动物受到抗原刺激后,将引起免疫应答,形成浆细胞,后者产生抗体。抗体主要存在于血清中,经一定次数注射,血清中的抗体数达到要求浓度,然后采集动物血液,再从血液中分离出血清,从而获得抗血清。为了获得特异性强、效价高的抗血清,除了抗原的因素外,还需注意动物品系的选择,抗原注射的浓度、剂量、次数、间隔时间及注射途径等。细菌、霉菌及病毒等抗原物质可直接注射动物,来制备相应的抗血清。但是对于免疫原性较弱的可溶性抗原要加入佐剂,以增强免疫性。本实验是用颗粒性抗原制备相应的抗血清。这类抗原的免疫原性较强,不需加入佐剂也能获得特异性强、效价高的抗血清。

### 三、实验材料

1. 活材料

菌种：苏云金芽孢杆菌醋螟亚种（*Bacillus thuringiensis* subsp. *galleria*，血清型 H5a5b）、加拿大变种（*Bacillus thuringiensis* var. *canadensis*，血清型 H5a5c）、库斯塔克亚种（*Bacillus thuringiensis* subsp. *kurstaki*，血清型 H3a3b3c）、未知血清型的苏云金芽孢杆菌。

动物：家兔（大耳白，2～3 kg），健康雄性或未孕雌兔。

2. 培养基：供试培养基的配方如表 6-1 所示。

表 6-1　3 种培养基配方

| 培养基名称 | 培养基配方 | | | | |
|---|---|---|---|---|---|
| | 牛肉膏/% | 蛋白胨/% | 氯化钠/% | 琼脂/% | pH |
| 软琼脂培养基 | 1.0 | 1.0 | 0.2 | 0.5 | 7.2 |
| 摇瓶培养基 | 1.0 | 1.0 | 0.2 | — | 7.2 |
| 斜面培养基 | 1.0 | 1.0 | 0.2 | 2.0 | 7.2 |

3. 器材：注射器（5 mL）、针头（5 号、12 号）、剪刀、胶布、纱布、离心管、止血钳、刀片、10 mL 吸管、带橡皮塞无菌试管、平皿、接种环、100 mL 三角瓶（带橡皮塞）、量筒、小动物解剖台、青霉素瓶、镊子、甲醛、碘酒棉球、酒精棉球、干棉球、麦氏比浊管、生理盐水等。

### 四、实验步骤

1. 抗原制备

（1）鞭毛（H）抗原制备　将蜡螟亚种、加拿大亚种、库斯塔克亚种及分离的苏云金芽孢杆菌从砂土管或斜面移接到牛肉膏蛋白胨斜面上培养 18 h，再用划线分离法获得单个菌落，接种于软琼脂培养基平板的中央，30℃ 培养 18 h。当运动性细菌扩散到距离平板边缘数毫米时，用接种环取最外边菌体，再接种于另一软琼脂平板的中央。如上法培养，再接种于第三个软琼脂平板。如此移接 4～6 次，最后一次则取最外边菌体接种子摇瓶（500 mL 三角瓶装培养基 50 mL）中，28～30℃ 振荡培养 10～14 h。培养液 3 000 r/min 离心 15 min，弃上清液，再悬浮于 50 mL 含 0.25% 的福尔马林生理盐水中，再离心 15 min，弃上清液，将收集的菌体悬浮在 10 mL 含 0.25% 福尔马林生理盐水中，制成鞭毛抗原母液，置冰箱保存备用。若出现自发凝集，则弃去不用。

（2）菌体抗原制备　将鞭毛抗原母液分出一半，装入带棉塞的无菌空试管中，置沸水中加热 1 h，待冷却后即为去掉鞭毛的菌体抗原。放入冰箱保存备用。

2. 免疫家兔

免疫前从家兔身上采集少量血液，作为对照血清。用鞭毛或菌体抗原免疫的注射程序见表 6-2。

表 6-2　抗原制备注射程序

| 时间 | 剂量/mL | 途径 |
| --- | --- | --- |
| 第 1 天 | 0.5 | 耳静脉 |
| 第 5 天 | 1.0 | 耳静脉 |
| 第 9 天 | 1.5 | 耳静脉 |
| 第 13 天 | 2.0 | 耳静脉 |
| 第 17 天 | 2.5 | 耳静脉 |

3. 采试血

注射最后一次 1 周后采试血约 3 mL,方法同采对照血清。当试血效价达到 1∶2 000 以上,则可采全血,否则要加强注射 1～2 次。

4. 采全血

主要有心脏采血或颈动脉放血两种方法。

5. 抗血清的分离、保存

将三角瓶的血液斜置 0.5～1 h 后(室温或 37℃温箱),再将三角瓶立起,并用无菌细玻棒沿瓶壁将血块与瓶壁分离,转入 4℃冰箱过夜,让血清充分析出,用无菌吸管和毛细滴管分出血清。若血清中带有红细胞,则须装入无菌离心管中 3 000 r/min 离心 20 min。将血清吸入无菌三角瓶,去掉红细胞。按 1∶100 的比例加入 1% 的硫柳汞或 5% 的叠氮钠,即最终浓度分别为 0.01% 和 0.05%。将血清分装入青霉素瓶,用胶布将口封住,贴上标签,注明抗血清的名称、效价及制备日期,置 −20℃保存备用。

注意:

1. 接种动物符合实验要求,为了排除个体差异,可一次用 2～3 只家兔进行该试验。

2. 对家兔进行注射时,应进行无菌操作。

3. 采血前 12 h 应停止对家兔的喂食,以减少血清中脂肪等含量。

4. 采血后由于血液会立即凝固,因此采血后的注射器和针头要立即用生理盐水抽吸几次,并将取下的针头和简芯连同剪刀、止血钳、镊子等一起泡进生理盐水中,洗净后煮沸消毒备用。

## 五、预期结果

得到可用抗血清,−20℃保存备用。

## 六、讨论

1. 用动物制备抗血清时,为何多次注射?

2. 制备抗血清哪些步骤需要无菌操作,为什么?

3. 如何制得特异性强、效价高的抗血清?

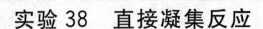

# 实验 38　直接凝集反应

## 一、实验目的

1. 了解直接凝集反应的基本原理。
2. 掌握直接凝集反应的操作方法，了解其特点和用途。

## 二、实验原理

当颗粒性抗原（病原微生物或红细胞）与相应抗体特异性结合，在电解质存在下两者比例适当时，可形成肉眼可见的凝集块，此种现象称为凝集反应，其中抗原称凝集原，抗体称凝集素。细菌、螺旋体和红细胞等颗粒性抗原，在适当电解质参与下可直接与相应抗体结合形成肉眼可见的凝集块，称为直接凝集反应。常用的直接凝集试验有玻片法和试管法两种。

玻片凝集反应是将已知的抗体直接与未知的颗粒性抗原物质（如细菌、立克次体、钩端螺旋体等）混合，在有适当电解质存在的条件下，如两者对应便发生特异性结合而形成肉眼可见的凝集物，即为阳性；如两者不对应便无凝集物出现，即为阴性。此法属定性试验，主要用于细菌鉴定和分型等。试管凝集反应是一种定量方法，如诊断伤寒、副伤寒的肥达氏反应等。

## 三、实验材料

1. 材料及试剂：伤寒杆菌（*Rhizobium etli*）斜面，1∶10 兔抗伤寒杆菌血清和抗痢疾杆菌血清，生理盐水，待检血清，伤寒沙门氏菌 H 诊断菌液（$7 \times 10^8$ cfu/mL）、抗伤寒沙门氏菌 H 抗血清（用生理盐水 1∶10 稀释）。

2. 器具：洁净载玻片，记号笔，吸管（带乳胶吸头），接种环，盛消毒液的容器，酒精灯，恒温水浴箱，试管架，试管等。

## 四、实验步骤

### (一)玻片法

(1)取干净的载玻片一张，平置实验台上，用记号笔划分为 3 格，并标明 1、2、3。

(2)用 1 mL 吸管吸取生理盐水 1～2 滴于玻片第 1 格内，另取一支吸管，吸取 1∶10 兔抗伤寒杆菌血清 1～2 滴于第 2 格内；吸取 1∶10 抗痢疾杆菌血清 1～2 滴于第 3 格内。

(3)将接种环在酒精灯火焰上烧灼灭菌，冷却后取少许伤寒杆菌培养物与第 1 格内的生理盐水混合，并涂抹成均匀悬液。然后用同样方法灼烧接种环，待冷却后取少许伤寒杆菌培养物与第 2、3 格内的血清混合并涂抹成均匀悬液。室温 30 min 后观察结果。

(4)如上述混合悬液由均匀混浊状变为澄清透明，并出现大小不等的乳白色凝集块者即为阳性（＋）；如混合物仍呈均匀混浊状则为阴性（－）。如肉眼观察不够清楚，可将玻片置于显微镜下用低倍镜观察。本次实验结果第 1 格内不出现凝集块，反应为阴性。

### (二)试管法

(1)取洁净试管 8 支，排列于试管架上，依次编号并做好标记。

（2）向各试管中均加入生理盐水 0.5 mL。

（3）吸取 1∶10 稀释的抗伤寒沙门氏菌 H 抗血清 0.5 mL，加入第 1 管中，充分混合，吸出 0.5 mL 放入第 2 管，混合后取出 0.5 mL 于第 3 管……如此直至第 7 管，混匀后吸出 0.5 mL 弃去。第 8 管不加血清，为生理盐水对照。至此第 1～7 管的血清稀释度为：1∶20、1∶40、1∶80、1∶160、1∶320、1∶640、1∶1 280。如表 6-3 所示。

表 6-3  试管凝集操作程序

| 管号 | 1 | 2 | 3 | 4 | 5 | 6 | 7 | 8（对照） |
|---|---|---|---|---|---|---|---|---|
| 生理盐水/mL | 0.5 | 0.5 | 0.5 | 0.5 | 0.5 | 0.5 | 0.5 弃去 | 0.5 |
| 血清/mL | 0.5 | 0.5 | 0.5 | 0.5 | 0.5 | 0.5 | 0.5 | — |
| 稀释度 | 1:20 | 1:40 | 1:80 | 1:160 | 1:320 | 1:640 | 1:1 280 | — |
| 诊断菌液 | 0.5 | 0.5 | 0.5 | 0.5 | 0.5 | 0.5 | 0.5 | 0.5 |
| 终稀释度 | 1:40 | 1:80 | 1:160 | 1:320 | 1:640 | 1:1 280 | 1:2 560 | |

（4）向每管加入伤寒沙门氏菌诊断菌液 0.5 mL，此时每管的液体总量为 1.0 mL，血清稀释度又增加1倍。

（5）摇匀置 37℃ 2～4 h，取出置 4℃或室温过夜后观察结果。

（6）结果和评价：判断凝集试验的结果，要有良好的光源和黑暗的背景，先不振摇，观察管底凝集物和上清的浊度。然后轻轻摇动试管，注意观察凝集颗粒的松软度、大小、均匀度等性状及液体的混浊程度。

①盐水对照管应无凝集现象，轻轻摇动试管，细菌分散均匀混浊。

②伤寒沙门菌 H 抗原凝集物呈絮状，疏松而大块地沉于管底，轻摇易离散。凝集程度通常以"＋"表示强弱。

"＋＋＋＋"很强，细菌全部凝集，凝块全沉于管底，液体澄清。

"＋＋＋"强，细菌大部分凝集，液体稍混浊。

"＋＋"中等强度，细菌部分凝集，液体较混浊。

"＋"弱，仅少量细菌凝集，液体混浊

"－"不凝集，液体混浊度与对照管相同。

③只要待测血清管出现"＋＋"以上的反应现象，就可判为反应阳性；以出现"＋＋"凝集的最大血清稀释度为待检血清的抗体效价。

④本试验是一经典的定量凝集试验，敏感性不高，但操作方法简单，至今仍在使用。

注意：

1. 实验中所用器具均应干净。

2. 实验应设立阳性、阴性及抗原对照。

3. 取细菌培养物时，不宜过多，与抗血清混合涂抹时，必须将细菌涂散，涂均匀，但不宜涂得太宽，以免很快干涸而影响结果观察。

4. 被凝集的实验菌仍然是活菌，因此实验用过的玻片及试管需及时消毒处理，不可随意丢弃，以防污染环境。

## 五、预期结果

列表记录玻片法及试管法试验结果。

## 六、讨论

1. 什么是直接凝集反应？

2. 凝集实验有什么意义？

# 实验 39　双向免疫扩散实验

## 一、实验目的

1. 了解双向免疫扩散实验的基本原理。

2. 掌握利用双向免疫扩散法，检测未知抗原或抗体的纯度并测定其效价。

## 二、实验原理

在一定条件下，抗原能与相应的抗体相互作用，发生免疫沉淀反应。双向免疫扩散法就是使抗原与抗体在琼脂糖凝胶中自由扩散而相遇，从而形成抗原抗体复合物，由于此复合物分子量增大并产生聚集，不再继续扩散而形成肉眼可见的线状沉淀带。抗原抗体复合物的沉淀带是一种特异性的半渗透性屏障，它可以阻止免疫学性质与其相似的抗原抗体分子通过，而允许那些性质不相似的分子继续扩散，这样依据不同抗原或不同抗体所形成的沉淀线的形态、条数、清晰度及位置可了解抗原或抗体的若干性质，如浓度、特异性等。

## 三、实验材料

1. 生理盐水、1%琼脂胶、抗原为人 IgG、抗体为兔抗人 IgG 免疫血清。

2. 载玻片、打孔器和挑针、湿盒、恒温箱、微量移液器。

## 四、实验步骤

1. 制备琼脂玻片

将已溶化的 1%盐水琼脂管放 58～60℃水浴箱中平衡温度备用，取 5 mL 迅速倾入洁净干燥的载玻片上，使成厚度约 1.5 mm 琼脂板，室温自然冷却凝固。（注意：倾注速度不要过快,以免琼脂溢出载玻片;倾注过程要连续以保证琼脂板均匀、平滑。)

2. 打孔

在凝固的琼脂糖胶上用打孔器或吸嘴按图 6-1 打梅花孔(孔径约 3 mm,孔距 4 mm),用针头小心挑去琼脂。打孔完毕,将载玻片在酒精灯火焰上方过几遍,可防止漏液。在载玻片的另一面用笔标记小孔的编号 1、2、3、4、5、6。

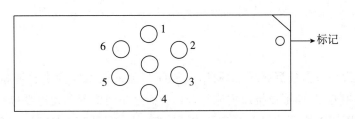

图 6-1　琼脂糖胶的梅花孔及标记

3. 稀释免疫血清

取 5 支 0.5 mL 的离心管,各加入 10 μL 生理盐水。如图 6-2 所示,取 10 μL 免疫血清加入 1 号管中,吸打使其与生理盐水混匀,即为 1∶2 稀释血清;再从 1 号管吸取 1∶2 稀释血清 10 μL 加入 2 号管中,吸打混匀,即为 1∶4 稀释血清;重复操作,获得 1∶8、1∶16 和 1∶32 倍比稀释血清。

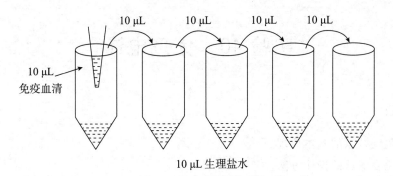

图 6-2　倍比稀释免疫血清

4. 加样

以上方孔为第 1 孔,按顺时针方向分别称为 2、3、4、5 和 6 孔。抗原加入中心孔,倍比稀释的免疫血清加入周围孔,留 1 孔加生理盐水,以作空白对照,每孔加样 10 μL。

5. 温育

将琼脂糖胶置于湿盒(饭盒垫上纱布,加蒸馏水润湿)中,37℃温育 12～24 h。

6. 结果观察

观察抗原抗体产生的白色沉淀线。免疫血清的滴度以一定抗原浓度下出现白色沉淀线的最高稀释度来表示。

注意:

1. 玻片要清洁,边缘无破损。

2. 浇制琼脂板时要均匀、无气泡。动作要匀速,过快易使琼脂倾至玻片之外,过慢易导致边加边凝,使琼脂凹凸不平。

3. 打孔时避免水平移动,否则易使琼脂板脱离载玻片或琼脂裂开,如此可导致加入的样品顺裂缝或琼脂底部散失。

4. 加样时应尽量避免气泡或加至孔外,以保证结果的准确性。

5. 37℃扩散后,可置冰箱一定时间后观察结果,此时沉淀线更加清晰。

## 五、预期结果

试验结果看到一条白色沉淀线,说明以人 IgG 与兔抗人 IgG 免疫血清相关,在琼脂糖凝胶中自由扩散而相遇,从而形成抗原抗体复合物。而这条线沿着各孔边缘弯曲,且随着血清浓度从 1 号孔到 5 号孔递减,6 号孔为生理盐水,其颜色从 1 号孔到 5 号孔逐渐变浅,到 6 号孔消失。这符合试验原理,证明试验操作成功。

## 六、讨论

1. 为什么将打孔后的载玻片在酒精灯火焰上方过几遍?

2. 打孔后,怎样分辨 6 个孔的位置分布?

3. 双向免疫扩散的主要用途有哪些?

# 实验 40　免疫电泳

## 一、实验目的

1. 了解免疫电泳的基本原理。

2. 掌握免疫电泳的操作方法。

## 二、实验原理

免疫电泳是一种将凝胶电泳和双向免疫扩散相结合的免疫分析技术。先将抗原样品加在琼脂平板上,在电场作用下进行电泳,样品中不同的抗原成分因所带电荷、分子量及构型不同,电泳迁移率各异,而被分离成肉眼不可见的若干区带。停止电泳后,在与电泳方向平行的槽内加入相应抗血清,使抗原和抗体呈双向扩散,已分离的各抗原与相应抗体在琼脂中扩散而相遇,在二者比例合适处形成肉眼可见的弧形沉淀线(图 6-3,彩图 6-3)。根据沉淀弧的数量、位置和形状与已知标准抗原进行比较,可分析、鉴定样品中所含的抗原成分及其性质,用于抗原分析及免疫性疾病的诊断。此项技术由于既有抗原抗体反应的高度特异性,又有电泳分离技术的快速、灵敏和高分辨力,是广泛应用于生物医学领域的一项免疫学基本技术。

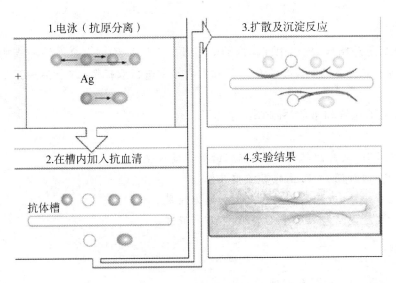

图 6-3　原理示意图

## 三、实验材料

1. 人全血清、兔抗人全血清、1.5％琼脂、0.05 mol/L pH 8.6 巴比妥缓冲液。
2. 移液管、玻片、刀片、打孔器、电泳槽、电泳仪、水浴箱。

## 四、实验步骤

1. 制板

将洁净玻片置于水平台面上,用移液管吸取 4～4.5 mL 熔化的 1.5％琼脂加于载玻片上,待琼脂板冷却凝固后,按照模板于挖槽线上下两侧各打一个孔(图 6-4),挑去孔内的琼脂,槽内琼脂暂不挑出。

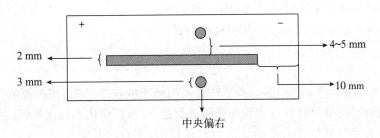

图 6-4　胶板打孔及挖槽

2. 加样

用微量进样器吸取 10 μL 稀释的正常人全血清于小孔中。

3. 电泳

以 0.05 mol/L pH 8.6 巴比妥缓冲液为电泳缓冲液,将加样后的琼脂板置于电泳槽上,样品孔靠近阴极端,用缓冲液浸湿的双层纱布搭桥电泳。一般稳定端电压 100 V,电泳 1 h,即可

终止电泳。

4. 双扩散

取出电泳后的琼脂板,挑出中间槽内的琼脂,取 100 μL 兔抗人全血清充满槽内(注意:勿外溢)。将琼脂板放于湿盒内,水平置于 37℃ 水浴箱中进行双扩散,24 h 后观察结果。

5. 观察

记录沉淀弧的位置和条数,并画出沉淀弧。

注意:

1. 浇载玻片时,玻片应保持水平,琼脂面要尽量铺平。

2. 加样应一次加满,并防止样品溢出孔外。

3. 电泳过程中注意防止发热,以免影响电泳结果。

4. 电泳时要使滤纸与凝胶密切接触,不可有缝隙。

## 五、预期结果

实验结果如图 6-3(彩图 6-3)所示。

## 六、讨论

1. 画出沉淀线的形态、数量和位置,并予以简要说明。

2. 为什么抗原与抗体浓度比例应适当,否则会使某些成分不出现沉淀线?

3. 为什么所用抗血清最好用两只或两只以上免疫动物的混合血清?

# 实验 41　酶联免疫吸附实验(ELISA)

## 一、实验目的

1. 掌握间接酶联免疫吸附实验的操作步骤。

2. 理解乙型肝炎表面抗体(抗-HBs)检测的意义。

## 二、实验原理

酶联免疫吸附实验(ELISA)是目前应用最多的酶免疫技术,它是使抗原或抗体吸附于固相载体,使随后进行的抗原抗体反应均在载体表面进行,从而简化了分离步骤,提高了灵敏度,既可检测抗原,也可检测抗体。实验方法包括间接法、夹心法及竞争法。夹心法可以检测抗原。将特异性抗体吸附在固相载体上,然后加被测溶液,倘样品中有相应抗原,则与抗体在载体表面形成复合物。洗涤后加入酶标记的特异性抗体,后者通过抗原也结合到载体的表面。洗去过剩的标记抗体,加入酶的底物,在一定时间内经酶催化产生的有色产物的量与溶液中抗原含量成正比,可用肉眼观察或分光光度计测定。本实验使用的乙型肝炎病毒表面抗体诊断试剂盒是采用双抗原夹心法检测抗-HBs,即采用纯化 HBsAg 包被反应板,加入待测标本,同时加入 HBsAg-HRP,当标本中存在抗-HBs 时,该抗-HBs 与包被 HBsAg 结合并与酶结合物形成 HBsAg-抗-HBs-HBsAg-HRP 复合物,加入 TMB 底物产生显色反应,反之则无显色

第六部分　免疫学技术

反应。

## 三、实验材料

1. 微量移液器,恒温箱,酶标仪。
2. 蒸馏水,人血清样品,乙型肝炎病毒表面抗体检测试剂盒。

## 四、实验步骤

1. 实验准备

从冷藏环境中取出试剂盒,在室温下平衡 30 min,同时将浓缩洗涤液作 1∶20 稀释。

2. 加待测标本

加入待测标本每孔 0.05 mL,并设抗-HBs 阳性对照 2 孔,抗-HBs 阴性对照 2 孔,空白对照 1 孔。(注意:试剂使用前应摇匀,并弃去 1～2 滴后垂直滴加,均匀用力。)

3. 加酶结合物

每孔 0.05 mL,空白对照孔不加,充分混匀,置 37℃ 孵育 30 min。

4. 洗板

弃去反应板条孔内液体,在吸水纸上轻轻拍干;用洗涤液注满每孔,静置 5～10 s,弃去孔内洗涤液拍干,如此反复 5 次。

5. 加显色剂

先加显色剂 A,每孔 0.05 mL;再加显色剂 B,每孔 0.05 mL;充分混匀,放置 37℃ 避光孵育 15 min。

6. 终止反应

每孔加入终止液 0.05 mL,混匀。

注意:

1. 洗板要彻底,洗涤次数和洗涤液量必须按要求执行,配制洗涤液的蒸馏水要新鲜。
2. 加样量要准确,加样时悬空慢吸快推,一个样本一个吸头,防止交叉污染。
3. 与底物可能发生接触的器械包括手要防止污染底物,避免底物的强光照射和空气中的长时间暴露。
4. 反应时间和孵育条件要严格按使用说明书执行。
5. 样本要新鲜,防止样本对操作人员的生物感染和对环境的生物污染。任何样本都具有潜在的生物传染风险。

## 五、预期结果

37℃ 避光孵育 15 min 后由无色变蓝色,加入终止液混匀变黄色。

## 六、讨论

1. 为什么要加终止液?
2. 为什么向待测标本或阳性对照加终止液后,颜色从蓝色变成黄色?

# 第七部分

# 微生物生态学实验技术

微生物生态学实验部分包括环境因素对微生物生长的影响、微生物间的拮抗作用、土壤微生物区系分析和土壤微生物多样性分析4个实验。主要涉及如何测定氧气、紫外线、盐浓度等外界环境因素对微生物生长的影响;如何确定一种微生物能否产生抑制或者杀死另外某种特定微生物的拮抗物质;另外,在学生具备了微生物学实验的基本操作技能的基础上,学会如何采集土壤样品、提取土壤微生物基因组 DNA 以及如何通过构建 16S rRNA 基因和 ITS 序列文库来分析土壤中微生物的多样性。这4个实验在实际生产和实践中具有很强的实用性。第一个实验通过确定外界环境因素对微生物生长的影响,不仅可以了解特定环境中分离微生物的基本生态学特性,而且可以利用这些环境因素来调控微生物的生长。第二个实验通过学习筛选产抗生素的微生物的步骤及其判定方法,在生产实践中,我们可以利用拮抗实验从环境中筛选能够产生针对某种或者某类植物病原体拮抗物质的微生物(生防菌),然后通过下游的发酵工程手段,大量生产这种拮抗物质(生物农药),采用将发酵产物喷洒到植物茎、叶部位等手段来控制和消灭植物病原体。第三和第四个实验属于研究性实验,通过学习可以使读者对特定生境中的土壤微生物的区系、多样性进行分析,在生产实践中可以用这些方法研究植物栽培对于土壤微生物群落的影响,以便能够进一步了解植物与微生物之间的相互作用。

# 实验 42　环境因素对微生物生长的影响

## 一、实验目的

1. 了解环境因素(温度、氧气、pH、渗透压、紫外线)对微生物生长的影响。
2. 了解常用化学药剂对微生物生长的影响。

## 二、实验原理

环境因素主要包括物理、化学、生物和营养四大类。在适宜的环境条件下,微生物可以进行正常的生长繁殖;在不适宜的环境条件下,微生物的生长受到抑制,甚至导致菌体死亡。某一特定的环境条件对有些微生物的生长是适宜的,而对于某些微生物反而有可能是不适宜的,甚至是有害的。

温度通过影响蛋白质等生物大分子物质的结构和功能以及细胞结构如细胞膜的流动性和完整性来影响微生物的生长。温度过高或过低都会影响酶活力以及细胞膜的流动性。不同微生物生长繁殖所要求的温度范围是不同的,在生长温度范围内,包括最高、最适和最低三种生长温度。温度超过最高温度或者低于最低温度时,微生物均不能生长,或处于休眠状态,甚至死亡。根据微生物生长的最适温度范围不同,可将其分为高温菌、中温菌和低温菌。大多数微生物是中温型的,它们的最适生长温度在 $25\sim37℃$。

由于不同微生物具有不同的呼吸类型,因而作为最终电子受体的物质可能是氧或者其他物质,这就导致了不同微生物对氧需求的差异性。根据微生物与氧的关系,可将微生物分为五类:好氧菌、微好氧菌、兼性厌氧菌、专性厌氧菌和耐氧菌。实验室中常用深层琼脂培养法测定氧对不同微生物生长的影响;或利用焦性没食子酸在碱性溶液中吸收游离氧来创造厌氧条件,用以培养某些微生物,并与该微生物在有氧条件下的生长情况进行对比,来判断这种微生物与氧的关系。

环境中的酸碱度通常以氢离子浓度的负对数即 pH 来表示,微生物的生长繁殖需要一定的 pH 范围。当环境中的 pH 不是微生物生长的最适 pH 时,微生物的生长就会受到不同程度的抑制;当环境中的 pH 大于微生物生长所能耐受的最高 pH 或低于微生物生长所能耐受的最低 pH,微生物的生长就会停止,甚至死亡。大多数细菌和放线菌适于中性和微碱性环境,酵母菌和霉菌则适合于在弱酸性环境中生长。

渗透压是指水或其他溶剂经过半透膜进行扩散时的压力,其大小与溶液浓度成正比。对稀溶液来说,溶液的渗透压与溶液的浓度和温度成正比。不同微生物对渗透压变化的耐受能力不同。在等渗溶液中,细胞正常繁殖;在高渗溶液中,细胞失水收缩,产生质壁分离现象,水是细胞正常生长所必需的营养物质,失水导致细胞生长受到抑制;在低渗溶液中,细胞吸水,体积有所增加,但因大多数微生物具有较为坚韧的细胞壁,且个体小,所以除无细胞壁的微生物和极端嗜盐菌之外,微生物能够耐受低渗透压的胁迫,细胞不易发生裂解,但细胞的生长受到一定程度的抑制。

紫外线对微生物有明显的致死作用,使细菌致死的紫外线波长范围在 $210\sim310$ nm,其中 260 nm 左右的紫外线具有最高杀菌效应。细胞内很多物质(如核酸、嘌呤和嘧啶等)对紫外线的吸收能力很强,吸收的能量可以破坏 DNA 结构,最明显的是诱导胸腺嘧啶二聚体的形成,从而阻碍 DNA 的正常复制和转录,轻则诱使细胞发生变异,重则导致死亡。

## 三、实验材料

1. 菌种:大肠杆菌,枯草芽孢杆菌,楚氏喜盐芽孢杆菌(*Halobacillus trueperi*),酿酒酵母,丁酸梭菌,保加利亚乳杆菌。

2. 培养基:牛肉膏蛋白胨琼脂培养基,葡萄糖牛肉膏蛋白胨培养基,PDA 培养基,LB 培养基。

3. 仪器及其他用具:恒温培养箱,振荡摇床,微波炉,分光光度计,移液器,灭菌枪头(1 mL),涂布棒,尖头镊子,锡箔纸,滤纸片(无菌),培养皿。

4. 溶液及试剂:0.2 mol/L HCl,0.2 mol/L NaOH,0.1% $HgCl_2$,0.5% $AgNO_3$,0.5%石炭酸。

## 四、实验步骤

### (一)温度对微生物生长的影响

1. 材料准备

提前制备灭菌的牛肉膏蛋白胨固体培养基和 PDA 固体培养基试管斜面各 10 支。

2. 菌种活化

无菌条件下,用接种环将枯草芽孢杆菌接种到 2 支牛肉膏蛋白胨琼脂试管斜面上,接种时采用波浪线,37℃培养 48 h;将酿酒酵母接种到 2 支 PDA 培养基琼脂试管斜面上,接种时采用波浪线,28℃培养 48 h。

3. 接种

用接种环取上述枯草芽孢杆菌菌种,接种到 8 支牛肉膏蛋白胨培养基试管斜面上;而将酿酒酵母菌种接种到 8 支 PDA 培养基试管斜面上。

4. 培养

各取 2 支接种枯草芽孢杆菌和 2 支接种酿酒酵母的试管斜面分别置于 4℃、25℃、37℃和 50℃条件下恒温培养 24 h。观察和记录实验结果,将实验结果填入下表。

| 温度 | 4℃ | 25℃ | 37℃ | 50℃ |
|---|---|---|---|---|
| 枯草芽孢杆菌 | | | | |
| 酿酒酵母 | | | | |

注:实验结果可以采用"－"表示"不生长";"＋"表示"生长一般";"＋＋"表示"生长良好"。

### (二)渗透压对微生物生长的影响

1. 材料准备

提前制备灭菌的不含 NaCl 和 5% (w/v)NaCl 的 LB 培养基试管斜面各 2 支;制备灭菌的含 0%、5%、10%、15% 和 20% NaCl 的 LB 固体培养基各 1 瓶(每瓶装 100 mL)。

2. 菌种活化

无菌条件下,用接种环将枯草芽孢杆菌接种到 LB 培养基试管斜面,将楚氏喜盐芽孢杆菌接种到含 5%(w/v)NaCl 的 LB 培养基试管斜面,接种时采用波浪线,37℃培养 48 h。

3. 制备平板

分别将熔化后的含 0%、5%、10%、15% 和 20% NaCl 的 LB 固体培养基倒平板,在室温条件下放置,待培养基完全凝固。(注意:含高盐浓度的固体培养基不宜使用微波法溶化,最好在高压灭菌后、培养基凝固前直接制备固体平板。如果夏季制备固体平板或试管斜面时,培养基凝固时间可适当延长。)

4. 接种

将活化的枯草芽孢杆菌和楚氏喜盐芽孢杆菌分别接种到含不同 NaCl 浓度的 LB 平板上,接种时画波浪线。

5. 培养

将接种平板倒置,置于 37℃恒温培养 30 h 后观察和记录实验结果,并将实验结果填入下表。

| NaCl | 0% | 5% | 10% | 15% | 20% |
|---|---|---|---|---|---|
| 枯草芽孢杆菌 | | | | | |
| 楚氏喜盐芽孢杆菌 | | | | | |

注:实验结果可以采用"－"表示"不生长";"＋"表示"生长一般";"＋＋"表示"生长良好"。

### (三)氧对微生物生长的影响

1. 菌悬液制备

无菌条件下,用接种环将枯草芽孢杆菌、保加利亚乳杆菌、丁酸梭菌和酿酒酵母分别接种到葡萄糖牛肉膏蛋白胨琼脂斜面上,30℃培养48～72 h;无菌操作采用移液器向每个试管斜面加入3 mL无菌水,之后轻轻吹打琼脂斜面的培养物,制成菌悬液。

2. 接种

将4支装有葡萄糖牛肉膏蛋白胨固体培养基的试管置于100℃水浴中熔化并保温10～15 min;(注意:一定要保证培养基彻底溶化,不要有肉眼可见琼脂块存在;此外,固体培养基的量应占试管的1/2左右。)将试管取出,室温条件下静置冷却至45～50℃时,无菌操作分别吸取0.1 mL 4种不同微生物的菌悬液,加入相应已熔化培养基的试管中,双手掌心相对夹住试管,前后快速搓动试管,待菌种在培养基中均匀分布后,将试管置于碎冰中,使琼脂迅速凝固。(注意:混匀时应避免振荡向培养基中引入过多空气;在碎冰中快速凝固琼脂可以保证菌种在培养基中保持均匀分布的状态。)

3. 培养

将凝固的试管置于恒温培养箱,28℃静止培养48 h后开始观察,以后每隔6 h观察一次,直至实验结果清晰为止。将实验结果填入下表。

| 菌名 | 生长位置 | 类型 | 菌名 | 生长位置 | 类型 |
|---|---|---|---|---|---|
| 枯草芽孢杆菌 | | | 丁酸梭菌 | | |
| 保加利亚乳杆菌 | | | 酿酒酵母 | | |

注:生长位置可以描述为:表面生长、底部生长、接近表面生长旺盛、均匀生长和接近表面生长等;类型判定为:好氧菌、专性厌氧菌、兼性厌氧菌、耐氧厌氧菌和微好氧菌。

**(四)pH对微生物生长的影响**

1. 菌悬液制备

无菌条件下,用接种环将大肠杆菌接种到LB琼脂斜面上,37℃培养36 h。使用移液器无菌操作向试管斜面加入3 mL无菌水,之后轻轻吹打琼脂斜面的培养物,制成菌悬液。

2. 调pH

取5支已灭菌、装有10 mL自然pH的牛肉膏蛋白胨液体培养基,按无菌操作要求,分别滴加0.2 mol/L HCl溶液或0.2 mol/L NaOH溶液,将溶液pH分别调至3、5、7、9和11。(注意:调pH时,可以用无菌玻璃棒蘸出培养液,用pH试纸检查。)

3. 接种

使用灭菌移液管从每个已调好pH的培养基中各取5 mL,分别转移到另外5支已灭菌、带棉塞的空试管中,然后无菌操作接种大肠杆菌菌悬液(每管0.1 mL)。(注意:吸取菌悬液时要将其吹打均匀,保证各试管接种的细胞浓度一致。)

4. 培养

将接种后的5支试管置于水平振荡摇床(150～180 r/min),37℃条件下恒温培养20～24 h。

5. 测$OD_{600}$

将上述试管取出,使用分光光度计分别测定600 nm波长下各培养物的光密度值($OD_{600}$),以没有接种大肠杆菌的LB培养基作为空白对照,将结果填入下表。

| 菌株 pH | 3 | 5 | 7 | 9 | 11 |
|---|---|---|---|---|---|
| $OD_{600}$(大肠杆菌) | | | | | |

### （五）紫外线对微生物生长的影响

#### 1. 菌悬液制备

无菌条件下，使用接种环将大肠杆菌接种到牛肉膏蛋白胨培养基琼脂斜面上，37℃培养 24～36 h。无菌操作，使用移液器向试管斜面加入 10 mL 无菌水，之后轻轻吹打琼脂斜面的培养物，制成菌悬液。

#### 2. 熔化培养基

将灭菌的牛肉膏蛋白胨固体培养基置于 100℃ 水浴或者微波炉中熔化，自然冷却至 50～55℃。倒 2 个平板。室温条件下冷却至培养基完全凝固。（注意：固体培养基要完全熔化，不能有肉眼可见的琼脂块存在。）

#### 3. 涂布菌液

无菌操作，每个平板培养基表面中心区域各滴加 0.1 mL 菌悬液，然后用灭菌的涂布棒将菌悬液涂布均匀，盖上皿盖，室温静置 10 min。（注意：涂布菌液后要保证菌液被培养基完全吸收后再进行下一步操作。）

#### 4. 紫外线照射

取两个已涂布菌液的固体平板，无菌操作在其中一个平板的培养基表面的中央放置一个直径 3 cm 的圆形灭菌锡箔纸，然后将两个固体平板移到紫外灯下，打开皿盖，距离紫外灯大约 30 cm 处照射 8～10 min，关闭紫外灯，将锡箔纸从平板表面取下，盖上皿盖，然后将两个平板同时放置 37℃ 恒温培养 48 h，观察并记录实验结果。

### （六）化学药剂对微生物生长的影响

#### 1. 制备菌悬液

无菌接种枯草芽孢杆菌到牛肉膏蛋白胨培养基琼脂斜面上，37℃培养 30～48 h。无菌操作，使用移液管向琼脂斜面加入 3 mL 无菌水，之后反复轻轻吹打试管斜面上生长的培养物，制成菌悬液备用。

#### 2. 熔化培养基

将装有灭菌的牛肉膏蛋白胨固体培养基三角瓶置于 100℃ 水浴或者微波炉中熔化，然后放入 50～55℃ 水浴保温备用。（注意：固体培养基要完全溶化，不能有肉眼可见的琼脂块存在。）

#### 3. 制备含菌平板

取出 50～55℃ 水浴保温的牛肉膏蛋白胨培养基，无菌条件下加入 1 mL 枯草芽孢杆菌的菌悬液，轻摇振荡混匀。将带菌的培养基倒入 4 个灭菌的平皿中，室温条件下冷却至培养基完全凝固。

#### 4. 皿底标记

将凝固平板的皿底用记号笔画"十"字，分成 4 个区，用尖头镊子分别取浸泡在 0.1% $HgCl_2$、0.5% $AgNO_3$、0.5% $CuSO_4$ 和 5% 石炭酸的圆形小滤纸片（最好事先将滤纸片浸入药品溶液中，低温烘干后使用）轻放在每一等份中央区域的培养基表面，室温条件下放置 10～15 min（以便培养基能够完全吸收滤纸片上的溶液）。在培养皿底面用记号笔分区标记，以便于识别观察结果（事先应确定每一等份的中央区域，一旦将滤纸片贴到培养基表面就不要再改变滤纸片的位置了）。

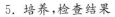

5. 培养,检查结果

将平皿倒置放入37℃恒温培养箱,48～72 h后检查结果。观察滤纸片周围是否出现无菌生长的抑菌圈,用直尺测定抑菌圈的直径和菌落的直径,并计算 HC 值(即抑菌圈直径与菌落直径之比)。判定方法:HC 值越大,表明该化学药剂对枯草芽孢杆菌细胞生长的抑制作用越强;反之就越弱。

## 五、预期结果

不同实验结果填入上述相应表格中。

## 六、讨论

1. 列举 2～3 个在日常生活中人们利用渗透压来抑制微生物生长的例子。

2. 在你的实验结果中,楚氏喜盐芽孢杆菌在哪种 NaCl 浓度条件下生长最好,其他 NaCl 浓度条件下是否生长?为什么?

3. 进行紫外线照射时,为什么要除掉皿盖?

# 实验 43　微生物间的拮抗作用

## 一、实验目的

了解拮抗实验的基本原理和操作方法。

## 二、实验原理

拮抗作用是微生物之间普遍存在的一种相互关系。细胞能够产生某种特殊代谢产物(如抗生素),这些产物可以抑制或者杀死其他的微生物个体,这种现象就称为拮抗作用。微生物个体所产生的这些特异性代谢产物称为抗生素,产生抗生素的微生物称为抗生菌。

## 三、实验材料

1. 菌种:抗生菌(如庆丰链霉菌)、试验菌(用来测定拮抗作用的微生物)。

2. 培养基:葡萄糖马铃薯琼脂培养基(PDA)。

3. 仪器及其他:恒温培养箱,无菌培养皿,打孔器,移液器,灭菌枪头,灭菌滤纸片。

## 四、实验步骤

### (一)移菌块法

(1)生长好的庆丰链霉菌平板。

(2)用灭菌吸管吸取苹果炭疽病菌液 1 mL 于无菌培养皿中,再倾入葡萄糖马铃薯琼脂培养基,摇匀,冷却制成含菌平板。

(3)取灭菌的打孔器,无菌操作在长好庆丰链霉菌的平板上垂直挖取带菌培养基数块。

(4)用灭菌镊子将菌块转移到含有苹果炭疽病病原菌的琼脂平板距离相等的位置上(图

7-1A)。

(5)将培养皿正放于28℃温箱中培养。

(6)3 d后观察菌块周围抑菌圈(透明圈)的大小。

### (二)琼脂平板划线法

(1)将葡萄糖马铃薯琼脂培养基熔化后,冷却至50~55℃倒平板,放置水平桌面待其完全凝固。

(2)无菌操作,用接种环挑取抗生菌,在已凝固的培养基平板的一边画一条直线,置于30℃温箱培养24~72 h。(注意:如果抗生菌生长较慢,可以提前接种抗生菌,培养一段时间后再接种试验菌。若抗生菌与试验菌生长速度相差不多,可以同时接种。如果试验菌生长较慢,则先接种试验菌,培养一定时间后,再接种抗生菌。)

(3)当抗生菌长出后,在与其垂直方向分别划线接种不同试验菌,注意各试验菌之间要有一定距离(图 7-1B)。(注意:画线接种试验菌应从距离抗生菌的远处向近处方向进行,且尽量靠近抗生菌。)

(4)接种好的平板倒置于30℃温箱中培养24~48 h,取出观察抗生菌对各种试验菌拮抗作用的强弱。(注意:比较抑菌带的长短及透明度)。

### (三)混合平板接种法

(1)将试验菌的菌悬液与冷却至50~55℃的葡萄糖马铃薯琼脂培养基混合均匀后,倒入灭菌培养皿中制成平板。

(2)在平板中央放一块小滤纸片,加一滴抗生菌菌悬液于滤纸片上(图 7-1C)。

(3)将培养皿置于30℃温箱中培养2~5 d,观察抑菌圈的大小。

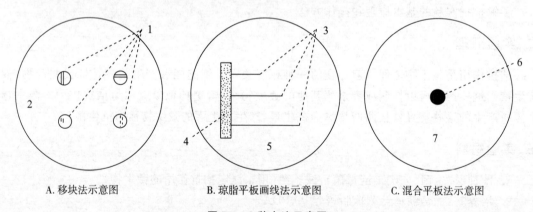

A.移块法示意图　　　　　　B.琼脂平板画线法示意图　　　　　C.混合平板法示意图

**图 7-1　3 种方法示意图**

1.带菌培养基圆块　2.琼脂平板　3.与抗生菌苔垂直方向画线接种的各种试验菌　4.抗生菌菌苔
5.琼脂平板　6.滤纸片上滴加抗生菌　7.试验菌的混合平板

## 五、预期结果

实验结果如图 7-2(彩图 7-2)所示。

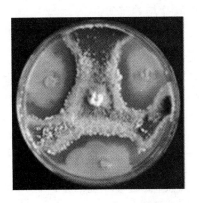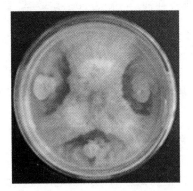

图 7-2　拮抗效果图

## 六、讨论

1. 拮抗作用在实际生产中有什么作用？

2. 试设计一个实验方案，从土壤中筛选能够对茄子黄萎病病原菌产生拮抗作用的微生物。

# 实验 44　土壤微生物区系分析

## 一、实验目的

1. 掌握分析微生物区系土壤样品的采集和保存方法。

2. 掌握土壤样品中不同种类微生物的计数方法。

## 二、实验原理

认识某一特定条件下土壤中的微生物在类群上和数量上的特点，称为土壤微生物区系分析。土壤微生物区系的分析主要包括以下几个方面：①测定该土壤中的细菌、放线菌和真菌的数量；②测定固氮菌、氨化细菌、硝化细菌、反硝化细菌、硫化细菌、硫酸还原细菌、纤维素分解细菌、纤维素分解真菌、厌氧细菌、磷细菌、钾细菌、铁细菌等微生物生理群的数量，以及各生理群中的优势种类；③测定由不同微生物生理群推动的土壤中物质转化的强度。如测定由硝化细菌推动的硝化作用强度、测定由氨化细菌推动的氨化作用强度等。根据实验目的的不同，将待检样品制成一系列不同稀释度的土壤悬液，使样品中的微生物细胞充分分散，呈单个细胞存在，再取一定量的稀释液接种，使其均匀分布于培养皿中特定的培养基内（或表面），经培养后，根据在平板上长出的菌落的形态和数量初步对土壤中微生物的种类和数量进行统计和分析。常用的培养基包括牛肉膏蛋白胨培养基、淀粉铵盐琼脂培养基、马丁氏培养基或酸性马铃薯琼脂培养基、赫奇逊（Hutchinson）琼脂培养基、奥曼梁斯基培养基、阿须贝（Ashby）无氮琼脂培

农业微生物学实验技术

131

养基、改良的斯蒂芬逊(Stephenson)培养基、亚硝酸盐培养基等。

## 三、实验材料

土壤样品,滤纸(直径 9 cm),滤纸条,奥曼梁斯基培养液,牛肉膏蛋白胨琼脂培养基,高氏一号琼脂培养基,葡萄糖马铃薯琼脂培养基等。

## 四、实验步骤

1. 土壤样品的采集

(1)采集前,根据试验目的对该地区的土壤、气候、生物等环境因素进行调查并做好记录。如地形、植被、土壤剖面、成土母质、土壤水热状况、土壤 pH、有机质含量等。然后综合这些因素,选择有代表性的采样地块并确定采样时间。一般要避免雨季采样,耕地土壤要在施肥前采样。

(2)为了正确地反映该地区的土壤、植物和土壤微生物生态之间的关系,在采样地块范围内再根据试验地区的综合条件,确定采样的方法和采样的点数。如五点交叉采样法等。采样点应选择在未经人为扰动的地点。

(3)采样点确定后,采样的程序如下:

①取 75%酒精擦拭铁锹、铲子等工具,并点燃酒精进行工具灭菌。

②用灭菌的铁锹、铲子除去地面植被或枯枝落叶。

③铲除表面2~5 cm表土,以避免地面微生物与样品混杂。再于2~5 cm以下处取土样装入无菌的铝盒或无菌塑料袋等容器中,盖严或扎紧以避免和空气接触以及样品水分的蒸发。

④各点采取的土样,其重量应大致相同,不要差别太大。然后于无菌条件下,剔除石砾、植物残根等杂物,混匀后以四分法取一定数量的混合样品装于无菌的塑料袋或其他容器中,混合样品的工作,也可带回实验室于分析前进行。

⑤如果是采取土壤剖面中不同层次的样品,应从下层土壤向上层土壤依次采样。分层混合,取不同层次的混合样品。

⑥如果只取一层土壤来代表某种微生物状态时,通常都是在微生物最多的表层中取样。

2. 土壤样品的保存和处理

采得的微生物分析样品,应尽快地分析。因为样品越新鲜,分析结果得到的微生物种群、数量等越符合样品原来的实际情况。如采集土样后,因路途遥远,运输困难,不能立刻进行土壤微生物分析工作,或因样品多,在短时间内不能分析完的话,均应将样品保存在 4℃冰箱中,以减少样品中微生物的活动。在 4℃条件下,仍有些低温微生物可进行生长繁殖,因此样品采集后应尽快分析,存放时间越短越好。

土壤样品在进行微生物分析前,应在无菌条件下,除去样品中的有机残体、石砾,并充分混匀。另外,在对样品进行微生物分析时,应同时称取一份样品测定土壤样品的含水量。

3. 土壤微生物区系分析

(1)制备土壤悬液  取表层土下5~15 cm间的土壤。称取 1 g 土壤样品加入到含有玻璃珠(10~15 粒)和 100 mL 无菌水的 250 mL 三角瓶中,然后水平振荡 5 min,室温静置 3~

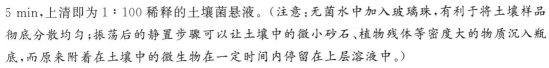

5 min,上清即为 1∶100 稀释的土壤菌悬液。(注意:无菌水中加入玻璃珠,有利于将土壤样品彻底分散均匀;振荡后的静置步骤可以让土壤中的微小砂石、植物残体等密度大的物质沉入瓶底,而原来附着在土壤中的微生物在一定时间内停留在上层溶液中。)

(2)梯度稀释 使用无菌吸管或移液器吸取 1 mL 1∶100 稀释的土壤悬液加入到含有9 mL无菌水的试管中,上下吹打 3~5 次,混合均匀,制成 1∶1 000 土壤悬液。同法再吸取1 mL 1∶1 000 稀释的土壤悬液加入到另一支含 9 mL 无菌水的试管中,依次制成 1∶$10^4$、1∶$10^5$和 1∶$10^6$ 稀释度的土壤悬液。

(3)制备固体平板 一般情况下,土壤细菌计数选用牛肉膏蛋白胨培养基,放线菌计数选用高氏一号培养基,而霉菌计数选用葡萄糖马铃薯培养基。在配制好的液体培养基中加入15~20 g/L琼脂粉作为凝固剂,121℃高压蒸汽灭菌 30 min,室温保存备用(保存期不宜超过1个月)。实验前将含有已灭菌固体培养基的三角瓶置于微波炉中,微波处理熔化培养基,然后放置 55℃ 水浴中保温。实验时取熔化保温的培养基倾注于无菌培养皿中,倒入量以刚刚盖没平皿底部为宜。室温放置 10~15 min,使培养基彻底凝固。(注意:由于土壤中含有的微生物种类繁多,并且生理特性也存在一定差异,因此几乎不可能选择一种培养基能够分离培养所有土壤中存在的细菌、放线菌、霉菌或者酵母等。但是,经过前人不断地探索和试验,发现牛肉膏蛋白胨培养基培养的细菌数量最多,高氏一号和葡萄糖马铃薯培养基培养的放线菌和霉菌数量最多,因此,常规土壤微生物区系分析当中一般以这 3 种培养基为主。显然,计算出来的微生物数量不是绝对数量,只是近似值而已。)

(4)平板涂布 用无菌吸管或移液器分别吸取 0.1 mL 不同稀释倍数的土壤悬液,接种到固体平板表面。每个稀释度重复接种 3~5 个培养皿(注意:接种时,若不更换无菌吸管或枪头,应先接种稀释倍数高的土壤悬液,后接种稀释倍数低的土壤悬液)。把涂布棒浸入无水乙醇中,取出后通过酒精灯火焰,让涂布棒上的酒精燃烧,待涂布棒上的火焰熄灭后,再次将其浸入无水乙醇中,连续燃烧 2~3 次即可使涂布棒灭菌彻底(注意:将涂布棒放入无水乙醇中前,务必要确保涂布棒表面无肉眼可见的火焰,以免引起火灾)。在此之后,将涂布棒前端轻触灭菌培养皿上盖的内表面 3~5 s,然后将土壤悬液均匀地涂布于琼脂平板表面。涂布后,培养皿室温放置 10 min,之后倒置培养皿置于 28~30℃ 恒温培养箱中培养。细菌观察和计数应培养2~3 d;放线菌和霉菌观察应培养 5~7 d。

(5)观察记录结果 根据平板上生长菌落的形态初步确定微生物的种类(细菌、放线菌、酵母菌和霉菌),并进行相应计数。因土壤悬液的接种量为 0.1 mL,所以 1 g 土壤的活的微生物数量为:

$$1 g 湿土中活的微生物数 = 每皿菌落平均数 \times 10 \times 稀释倍数$$

(注意:选择每个平板(直径=9 cm)上生长的单菌落数在 30~300 个的稀释度进行计算。)

4. 纤维素分解菌的计数

(1)制备土壤悬液和梯度稀释,方法同以上实验步骤(1)和(2)。

(2)制备赫奇逊培养基平板。将熔化保温 55℃ 的赫奇逊琼脂培养基倾注入无菌培养皿中,冷却凝固制成固体平板。

（3）平板涂布。分别取 $10^{-1} \sim 10^{-5}$ 的稀释度的土壤悬液 0.1 mL，接种到凝固的培养基表面。每个稀释度接种 3～5 个平板。用涂布棒将土壤悬液均匀涂布在培养基表面。用灭菌镊子取经过灭菌、直径等同培养皿内径的圆滤纸覆盖在培养基表面，再用灭菌的涂布棒将滤纸抹平、压平，使滤纸紧贴培养基表面。将培养皿置于底部装有适量水的容器中（保持湿度），28～30℃条件下培养 14 d。

（4）记录实验结果，计算每克土壤中各类微生物的数量。

5. 厌氧性纤维素分解菌的计数

（1）将 $10^{-1}$，$10^{-2}$，$10^{-3}$，$10^{-4}$，$10^{-5}$ 稀释的土壤悬液分别接种于装有滤纸条的奥曼梁斯基培养液中，每管接种 1 mL，每个稀释度接种 5 管。

（2）接种后于 28～30℃培养 2 周，取出检查滤纸腐烂情况和是否出现菌落，以判断厌氧性纤维分解菌的生长。若在滤纸上生长，则常缀上黄色、褐色或黑色斑点，或是摇动时滤纸条会立即破裂。

（3）根据检查结果得出数量指标后，按常法由数量指标和土壤含水量，计算出每克干土中厌氧性纤维素分解菌的数量。

## 五、预期结果

对土壤样品的土壤微生物区系分析得出结论，并保存有特定生理功能的分离物。

## 六、讨论

1. 采集土壤样品时，为什么不取表层土？
2. 制备土壤悬液时，加入灭菌的玻璃珠的作用是什么？

# 实验 45　土壤微生物多样性分析

## 一、实验目的

1. 了解分析土壤微生物群落的方法。
2. 掌握提取土壤样品中微生物 DNA 的方法。

## 二、实验原理

土壤是微生物栖息的最重要的生活环境之一。土壤微生物主要包括细菌、放线菌和真菌，它们参与土壤中有机质的分解、腐殖质的形成、土壤养分的转化循环等。土壤微生物多样性又称为土壤微生物群落结构，是指土壤微生物群落的种类和种间差异，包括生理功能多样性、物种多样性、生态多样性及遗传多样性等。土壤微生物多样性的研究方法大体可分为两类：一类用于分析土壤中可培养的微生物的多样性分析；另一类用于分析土壤中所有微生物的多样性分析。第一类方法基于对利用培养基获得纯培养微生物的形态学、生理生化指标的分析。后一类方法不需要利用培养基筛选获得纯培养微生物,在一定程度上能够更加客观、真实地反映土壤微生物群落的特性。土壤微生物多样性的传统研究方法是平板分离法,即根据土壤样品的物理化学特性,设计或使用相应的固体培养基,对土壤样品进行富集或稀释后进行分离培养,然后根据分离微生物的生理生化特征、形态学特征及其菌落数来测定微生物的数量和种类,使用该法获得的结果在一定程度上取决于培养基的类型和培养条件。Amann 等的研究结果显示:80%～99%的微生物种不可培养或未能得到纯培养,这说明土壤中大多数微生物的特征不能够利用传统的琼脂培养基培养技术来描述。尽管该方法有很大的局限性,但目前该方法仍然是研究土壤微生物多样性非常常见和重要的方法。另外,很多新的方法如核酸分析法、碳素利用法和磷脂脂肪酸分析法用于研究土壤中目前尚未获得纯培养的微生物多样性的研究。其中,核酸分析法应用比较普遍,主要包括:扩增核糖体 DNA 限制性分析(amplified ribosomal DNA restriction analysis,ARDRA)、核糖体 rRNA 内部转录间隔区(internal transcribed spacer,ITS)序列分析、随机扩增多态性 DNA(random amplified polymorphic DNA,RAPD)、限制性片段长度多态性(restriction fragment length polymorphism,RFLP)和 DNA 扩增片段长度多态性(amplified fragment length polymorphism,AFLP)等。本节实验,我们学习如何利用 16S rRNA 基因序列和 ITS 序列来分析土壤中非可培养原核微生物和真核微生物的生物多样性。

## 三、实验材料

1. 样品及仪器:土壤样品,移液器,玻璃珠,灭菌离心管(50 mL,2 mL),灭菌枪头,高速冷冻离心机,振荡器,水浴锅,PCR 仪,电泳仪,电泳槽,凝胶成像系统。

2. 溶液及试剂:提取缓冲液(100 mmol/L Tris-HCl (pH 8.0),100 mmol/L EDTA (pH 8.0),1.5mol/L NaCl),PEG-NaCl 溶液(30% polyethylene glycol,1.6 mol/L NaCl),TE 溶液(10 mmol/L Tris－HCl,1 mmol/L EDTA・2Na,pH 8.0),20% SDS,7.5 mol/L 乙酸钾,酚,氯仿,异戊醇,异丙醇,Loading buffer,2kb Marker,DNA 纯化回收试剂盒,T 载件,Taq 酶,DNA 连接酶,E. coli DH5d 感受态,LB 培养基,氨苄抗生素溶液,IPIG,X-gal,ddH$_2$O,HaeⅢ,琼脂糖。

## 四、操作步骤

### (一)可培养微生物的多样性分析

(1)制备土壤悬液。

(2)梯度稀释。

(3)制备固体平板。

(4)平板涂布。以上步骤的详细操作参照实验 44 相关步骤。

(5)群体形态观察。根据平板上生长的微生物菌落特征(如大小、颜色、隆起程度、边缘情况、透明度、气味、质地和黏度等)初步确定微生物的种类(细菌、放线菌、酵母菌和霉菌)和数量,并进行相应计数(计数方法参见实验 44 中土壤微生物数量的计算)。

(6)个体形态观察。采用革蓝氏染色方法对细菌和放线菌进行染色,采用美蓝染色法对酵母菌细胞进行染色,采用棉蓝染色液对霉菌细胞进行染色。观察并记录微生物细胞的染色结果及个体形态,其中对于放线菌菌丝还应着重观察孢子丝的形态、孢子链的长短和每条链上所含孢子的平均数量等;对于酵母菌应着重观察是否有假菌丝结构、是否是出芽生殖等;对于霉菌应该着重观察它的营养菌丝和气生菌丝是否形成特化结构。

(7)生理生化实验。参见本书第四部分微生物分类与鉴定技术相关的实验内容进行,并记录实验结果。

**(二)不可培养微生物多样性分析**

1. 提取土壤样品的基因组 DNA

(1)称取 2～3 g 湿土置于 50 mL 灭菌的离心管中,加入 10 mL 提取缓冲液及适量玻璃珠,盖上管盖,振荡器振荡 2 min。

(2)加入 1 mL 20%($w/v$) SDS 溶液,振荡器振荡 5～10 s。离心管放入 65℃水浴作用 1 h,期间每间隔 15～20 min 轻摇离心管数次。

(3)4℃、10 000 r/min 离心 10 min,将上清液转移到另外一个新的灭菌离心管,加入等体积的 PEG-NaCl 溶液,室温静置 2 h。

(4)4℃、12 000 r/min 离心 20 min,将含有基因组 DNA 的沉淀重悬于 2 mL TE 溶液中,加入 7.5 moL/L 的乙酸钾溶液至终浓度为 0.5 r/min,混匀后将离心管放入碎冰中作用 5 min。

(5)12 000 r/min(4℃)离心 30 min。(注意:此步骤目的是沉淀蛋白质和多糖。)

(6)将上清液用移液管转移至新的灭菌离心管,加入等体积的酚:氯仿(25:24),混匀,12 000 r/min 离心 10 min。将上清液转移至新的灭菌离心管,加入等体积的氯仿:异戊醇(24:1),混匀,12 000 r/min 离心 10 min。

(7)将上清液用移液管转移至新的灭菌离心管,加入 0.6 倍体积的异丙醇,混匀(注意:轻轻上下颠倒离心管),室温放置 2 h,12 000 r/min 离心 10 min。(注意:异丙醇的作用是沉淀核酸。)

(8)弃去上清液,将沉淀用 500 μL TE 溶液溶解。

2. 土壤中原核微生物多样性分析

以提取的土壤基因组 DNA 为模板,原核生物通用引物 27f 和 1 492r 分别为上下游引物,PCR 扩增获得片段大小约为 1 500 bp 的 DNA 片段,具体步骤参见实验28。

(注意:如果 Taq 酶的体积有变化,可以相应调整 ddH$_2$O 的量,使得总体积最终达到 50 μL。ddH$_2$O:灭菌双蒸水。)

PCR 扩增条件:

94℃ 4 min
94℃ 1 min
53℃ 1 min ⎫ 30 个循环
72℃ 2 min ⎭
72℃ 10 min
4℃保温

3. 土壤中真核微生物多样性分析(ITS 序列的扩增)

以土壤基因组 DNA 为模板,ITS1(5′-TCCGTAGGTGAACCTGCGG-3′)和 ITS4(5′-TC-

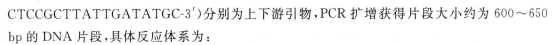

CTCCGCTTATTGATATGC-3′)分别为上下游引物,PCR 扩增获得片段大小约为 600～650 bp 的 DNA 片段,具体反应体系为:

| | |
|---|---|
| ddH$_2$O | 35.5 $\mu$L |
| 10×buffer | 5 $\mu$L |
| dNTP | 4 $\mu$L |
| 基因组 DNA(0.2～0.5 mg/mL) | 1 $\mu$L |
| ITS1(上游引物) | 2 $\mu$L(5.0 $\mu$mol/L) |
| ITS4(下游引物) | 2 $\mu$L(5.0 $\mu$mol/L) |
| Taq 酶 | 0.5 $\mu$mol/L (0.5 U) |

50 $\mu$L

(注意:如果 Taq 酶的体积有变化,可以相应调整 ddH$_2$O 的量,使得总体积最终达到 50 $\mu$L。ddH$_2$O:灭菌双蒸水。)

PCR 扩增条件:

94℃ 4 min

94℃ 30 s
55℃ 30 s } 30 个循环
72℃ 60 s

72℃ 10 min

4℃保温

4. 电泳检测

制备 1.2% 琼脂糖凝胶板,取 PCR 扩增产物 2 $\mu$L 与 6×loading buffer 混匀,加入到点样孔,同时使用分子量在 100 bp～2 kb 的核酸 Marker 作为对照。具体步骤参见本书实验 27 细菌总 DNA 提取实验中琼脂糖凝胶电泳部分。

5. 扩增 DNA 片段的回收

参照 DNA 凝胶回收试剂盒的说明书进行 DNA 片段的回收和纯化。

6. 文库的构建

(1)连接　将纯化的 PCR 产物与 T 载体进行连接。连接反应体系如下:

| | |
|---|---|
| ddH$_2$O | 3 $\mu$L |
| 10×T4 连接酶 buffer | 1 $\mu$L |
| PCR 回收产物(100 ng) | 4 $\mu$L |
| T 载体(25 ng) | 1 $\mu$L |
| T4 DNA 连接酶(4U) | 1 $\mu$L |

10 $\mu$L

(注意:如果连接反应体系中各成分体积发生变化,加入 ddH$_2$O 至反应总体积达到 10 $\mu$L。ddH$_2$O:灭菌双蒸水。)

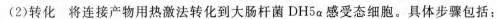

（2）转化　将连接产物用热激法转化到大肠杆菌 DH5α 感受态细胞。具体步骤包括：

①用移液器将 10 μL 连接产物加入到含有 100 μL 大肠杆菌 DH5α 感受态细胞的离心管中，轻旋混匀，在冰上放置 30 min。

②将离心管放到 42℃ 水浴的试管架上，静置水浴作用 90 s。

③迅速将离心管放置冰浴中，使细胞冷却 2～5 min，向离心管中加入 800 μL 的 LB 培养基，盖上管盖，混匀，在 37℃ 振荡水浴中作用 45～60 min。

（3）构建文库具体步骤

①取 100 μL 溶液涂布到含有抗生素、IPTG 和 X-gal 的 LB 琼脂培养基表面。

②倒置平皿，37℃ 恒温培养 12～20 h，然后将长有菌落的平板放置 4℃，直至菌落的蓝白颜色可以清晰观察为止。

③用牙签挑取颜色为白色的菌落，转移到新的含抗生素的 LB 琼脂平板上，每个平板点种 20～50 个白色菌落。

④使用质粒提取试剂盒分别提取白色菌落中的质粒，然后使用 T 载体插入外源 DNA 片段两侧的 DNA 序列设计引物，PCR 扩增各个克隆子中插入的 16S rRNA 基因片段。

（4）ARDRA 分析具体步骤

①选取几种限制性内切酶，如 HaeⅢ，HindⅢ，RsaⅠ等酶切各个克隆子扩增出来的 16S rRNA 基因片段，酶切反应体系如下：

| | |
|---|---|
| ddH₂O | 12 μL |
| 10×限制性内切酶 buffer | 2 μL |
| PCR 产物（100 ng） | 4 μL |
| 限制性内切酶 | 2 μL |
| | 20 μL |

在限制性内切酶最适反应温度条件下水浴酶切 2～4 h。

②电泳检测。制备 2%($w/v$)的琼脂糖凝胶分析酶切 DNA 片段，并使用凝胶成像仪对实验结果进行拍照，记录实验结果。

③根据 ARDRA 的结果，挑选代表性的克隆进行序列测定。根据测定结果，在 NCBI(the National Center for Biotechnology Information)网站使用 BLAST 在线软件在 GenBank 核酸数据库中搜索同源性较高的相似序列，确定各个克隆子中插入 16S rRNA 基因的系统发育地位。

## 五、预期结果

实验结果如图 7-3 和图 7-4 所示。

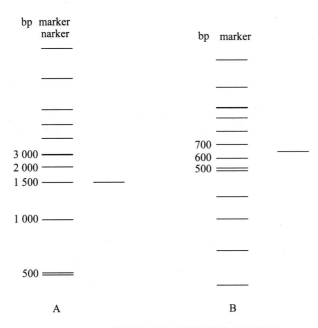

图 7-3　PCR 扩增片段的电泳检测结果示意图

A. 原核微生物 16S rRNA 部分基因片段　Marker：1 kb DNA Ladder；琼脂糖浓度　1.2%（w/v）

B. 真核微生物 ITS 扩增片段；Marker　100 bp DNA Ladder　琼脂糖浓度：1.2%（w/v）

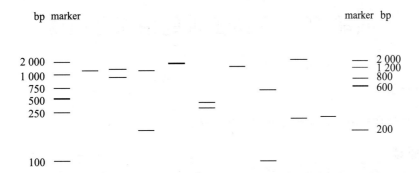

图 7-4　原核微生物 16S rRNA 基因文库 *Hae*Ⅲ 酶切产物电泳结果示意图

## 六、讨论

1. 如果我们准备分析盐碱地土壤中可培养微生物的多样性,在选择培养基时应考虑哪些因素？为什么？

2. 想一想为什么利用固体平板培养法不能分离得到土壤中所有的微生物？你认为可能存在的原因有哪些？

第八部分

# 农业微生物学应用技术

在农业生产过程中,常常伴随着大量农业废弃物的产生,如秸秆、禽畜粪便等,在一定程度上引起环境污染。微生物作为生态系统中物质循环的分解者,具有很强的分解能力,其中一些能直接降解或利用这些农业废弃物,将其转化为产品,变废为宝。本部分涉及的食用菌栽培及纤维素降解菌的分离等相关实验技术,是实现农业废弃物综合利用、建立生态农业的重要途径。此外,利用某些微生物特殊的生理及代谢特性,制备生物农药和生物有机肥料,能有效地减少病虫害、改良土壤、提高农产品品质,同样是农业微生物学研究的关键技术之一。本着实用的原则,本部分内容涉及食用菌栽培技术,生物有机肥菌种筛选和制备技术,为初学微生物实用技术人员提供参考。

## 实验 46　平菇菌种的组织分离法

### 一、实验目的

学习和掌握食用菌菌种组织分离的操作方法。

### 二、实验原理

在自然界里,食用菌大多与细菌、霉菌和酵母菌等微生物混杂生活在一起,因此,为了获得纯菌种,就必须进行纯菌种分离。采用无菌操作技术,将食用菌的菌种从混杂的微生物群中单独地分离出来,这个过程叫菌种分离。

组织分离法是常用的纯菌种分离方法,它是指采用食用菌子实体的任何部位(包括菌柄、菌褶、菌盖等)以及菌核和菌索等组织,在无菌条件下,接入适宜的培养基中,使其长出菌丝体而获得纯菌种的一种方法。这种分离方法取材容易、操作方便、成功率高,而且是一种无性繁殖法,得到的培养物遗传稳定性好,易于保持原品种的优良性状。

### 三、实验材料

1. PDA 培养基:马铃薯(去皮)200.0 g、葡萄糖 20.0 g、琼脂 15.0 g、水 1 000 mL。
2. 高压灭菌锅、超净工作台、培养箱、酒精灯、75％消毒酒精、解剖刀、镊子、接种针、试管。

## 四、操作步骤

1. 种菇的选择

选取种性优良、菇形圆整、大小适中、盖厚、无病虫害的六七分成熟的平菇子实体作为分离材料。

2. 种菇的处理

在超净工作台中切除菇柄，以75％酒精棉球擦拭菇体，进行表面消毒。

3. 组织块的获取

双手均匀用力，将子实体从中间纵向掰开，露出洁净无菌的菇肉，用无菌的尖头镊子夹取菇盖、菇柄交界处的菇肉组织一块，约黄豆粒大小。（注意：组织块一定不要与菇体表面组织有一丝相连，用尖头镊子纵横相交的切划，很容易得到所需的菇肉组织。）

4. 菌丝体的培养

将夹取的菇肉组织块迅速放入预先准备好的 PDA 试管斜面培养基的中部，塞上棉塞，并将试管斜面平放，于25℃培养，3～5 d 后即可由菇肉组织向培养基中长出白色绒毛状菌丝体，7～10 d 后即可长满斜面。（注意：让组织块贴在培养基上，防止滑动。培养过程中，若有发现青、绿、黄、黑等色泽的菌落或胶体状菌落，即为杂菌感染，应整管淘汰掉。）

5. 菌株的纯化

待菌丝长满斜面前，挑取顶端少量菌丝进行转管，如此多次反复转管，即可得到平菇纯菌种。

## 五、预期结果

平菇子实体组织块在 PDA 斜面培养基上以接种点为中心长出白色绒毛状菌丝体（图 8-1，彩图 8-1）。

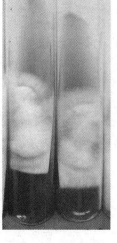

图 8-1　平菇斜面菌种

## 六、讨论

1. 写出实验报告。描述 PDA 培养基中平菇菌丝体的颜色、形态及布满培养基的时间。

2. 平菇菌种的分离还可以采用哪些方法？为什么组织分离法在生产上应用最多？

# 实验 47　木耳菌种的孢子分离法

## 一、实验目的

学习和掌握食用菌菌种孢子分离的操作方法。

## 二、实验原理

孢子分离法是利用食用菌子实体产生的有性孢子(担孢子)进行纯培养而获得纯菌种的方法。这种方法获得的菌种生活力较强,变异机会多,能为选择优良菌种提供更多机会,但所获得的纯菌种必须经过出菇(耳)试验,鉴定为高产优质菌株后,才能用于生产。

孢子分离法包括单孢分离法和多孢分离法。异宗结合的食用菌中,单个担孢子萌发产生的初生菌丝具有不亲和性,不能交配,不可直接用作菌种,必须与不同交配型的单孢子萌发的初生菌丝交配形成双核菌丝体后才能用作菌种。因此,实际工作中,木耳等异宗结合食用菌菌种的孢子分离一般采用多孢分离法,即将许多孢子接种在同一培养基上,让它们萌发、自由交配来获得食用菌纯菌种。

## 三、实验材料

1. PDA 培养基:马铃薯(去皮)200.0 g、葡萄糖 20.0 g、琼脂 15.0 g、水 1 000 mL。
2. 高压灭菌锅、超净工作台、培养箱、培养皿、酒精灯、75%消毒酒精、镊子、手术剪、试管、纱布。

## 四、操作步骤

1. 种耳的选择

选取生活力旺盛、耳片厚、朵形大、颜色正、富有弹性、无病虫害的七八分成熟的黑木耳子实体作为分离材料。种耳采摘后,用无菌的牛皮纸袋装好备用。(注意:采回的材料应及时分离,耳片发霉变质者应废弃不用。)

2. 种耳的处理

将耳片放入无菌的烧杯内,用无菌水振荡冲洗数次,用无菌纱布吸去耳片表面的水分。

3. 孢子的收集

将上述处理好的耳片放入无菌的培养皿中,子实层朝下,在20～24℃下静置 1～2 d,大量的担孢子弹射到培养皿的底部,形成白色孢子印(注意:孢子印清晰可见时,即可终止弹射,以免后期混入生活力差的孢子)。在无菌条件下取出种耳弃掉,孢子供进一步分离用。

4. 接种

用接种环蘸取少量孢子在预先准备好的 PDA 试管斜面培养基上划线接种,25℃培养 5 d 左右,即可长出白色星芒状菌落。

## 五、预期结果

黑木耳孢子在 PDA 试管斜面培养基中划线,多个孢子萌发的菌丝交织在一起形成白色绒毛状菌苔(图 8-2,彩图 8-2)。

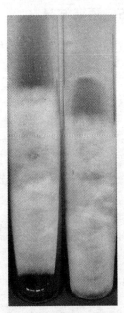

图 8-2　木耳斜面菌种

## 六、讨论

1. 写出实验报告。

2. 若收集不到孢子,可能有哪些原因?

3. 同宗结合的菌类如草菇、双孢蘑菇等,其单孢子萌发生成的菌丝体是否可直接用作菌种? 为什么?

# 实验48　食用菌原种及栽培种的制作

## 一、实验目的

1. 掌握食用菌菌种的定义及分级标准。

2. 学习和掌握食用菌三级菌种的制备方法。

## 二、实验原理

菌种是食用菌生产的基础,只有优良的菌种才可能有好的收成。食用菌的菌种制作在生产实践上通常分3步:将自行分离的纯种或自专业单位购买的试管斜面菌种扩大繁殖而成的试管斜面菌种称为母种(一级菌种);将母种在以木屑、棉籽壳或谷粒等为主的培养料上扩大繁殖而成的瓶(袋)装菌种称为原种(二级菌种);将原种扩大繁殖而成的直接用于栽培的瓶(袋)装菌种称为栽培种或生产种(三级菌种)。栽培种所用的培养基配方和制作方法与原种基本相同。制作原种的目的,一是为了扩大种量,满足生产上的需要;二是让菌丝对各种秸秆类基质具有适应能力,并在适应的同时产生各种酶类;三是在培养过程中还可以对菌种的生命力、纯度等进行检验,存优弃劣。若生产规模较小、用种量不大时,也可直接将原种用于生产。

经过三级培养,食用菌菌丝体数量大大增加。一般1支试管菌种可以繁殖4～6瓶原种,每瓶原种可扩接60～100瓶(袋)栽培种,以满足生产上对菌种的大量需求。

## 三、实验材料

1. 培养料配方:棉籽壳 78％,麸皮(或米糠) 20％,蔗糖 1％,石膏粉 1％,料水比 1∶(1.1～1.3)。原料一定要新鲜,不霉变,干燥,洁净。

2. 食用菌母种:平菇试管菌种5～7支。

3. 灭菌锅、超净工作台、接种用具、台秤、盆子、菌种瓶、聚丙烯塑料袋(直径 15 cm,厚度 0.004 5 cm)、袋口套盖(套环＋海绵盖)。

## 四、操作步骤

1. 培养料的配制

按上述配方称取原料,把麦麸、石膏拌匀,洒在棉籽壳上反复拌2～3次进行混合;蔗糖用水溶化,掺到适量的水中,泼洒在干料上,充分翻拌均匀,使料的含水量达到 60%～65%(即用手紧握培养料,手指缝中有水珠渗出,但不形成水流)。

2. 培养料的分装及灭菌

配置好的培养料均匀装入菌种瓶(用于原种制作)或菌种袋(用于栽培种制作)中。装料时要求松紧适宜,边装边振动,装至瓶肩或袋肩,压平料面,再用尖形木棒在培养基正中钻一个直达底部的孔洞,以便接种块放入,利于菌丝的生长蔓延。装好后,用干净的纱布将菌种瓶和菌种袋外壁残留的培养料擦干净(以免接种后感染杂菌),菌种瓶用聚丙烯塑料膜扎口;菌种袋用配套的套环和海绵盖直接封口,0.14 MPa 湿热灭菌 1.5～2 h,冷却后备用。

3. 原种的制作

用接种耙取蚕豆大的母种放于原种培养瓶中培养料面的孔洞处,包扎瓶口,放到培养架上,25℃左右避光发菌培养。注意通风换气,室内相对湿度 65%～70%,每天检查瓶内发菌状况,检出污染瓶。一般经 20～30 d,菌丝可长满菌种瓶,即可得到原种(质量标准:菌丝体浓白、粗壮,有菇香,无异味,与培养料紧密结合,瓶颈有水珠,不得有干缩现象。菌种菌龄适宜,如果瓶壁有黄水等均为菌龄过长,不得再作菌种用)。

4. 栽培种的制作

用接种匙取枣粒大小原种一块放于培养袋中的培养料面的孔洞处,套盖封口,25℃左右发菌培养。保持通风、暗光条件;室内相对湿度 65%～70%,每天检查袋内发菌状况,检出污染袋。一般经 20～30 d,菌丝可长满菌种袋,即可得到三级种(栽培种)(质量标准:菌丝洁白、密集粗壮,上下部生长均匀,在培养料上蔓延时齐头并进,无明显菌丝束,菌丝顶端分泌无色透明水珠;后期在培养料表层不结菌皮)。

图 8-3 平菇栽培种

## 五、预期结果

菌种制作过程中,白色的菌丝体在培养料中从接种点向外蔓延生长(图 8-3,彩图 8-3)。

## 六、讨论

1. 写出实验报告。

2. 制备二级种的目的是什么?

# 实验 49 平菇生料袋栽技术

## 一、实验目的

1. 学习和掌握平菇生料栽培的操作方法。

2. 了解食用菌栽培管理的技术要点。

## 二、实验原理

平菇是侧耳属（*Pleurotus*）食用菌的统称,目前商业栽培的有 10 多种,是当今世界上栽培最多的四大食用菌(平菇、双孢蘑菇、香菇、草菇)之一,其产量高,生产周期短,经济效益显著。平菇属木腐菌类,木质和纤维质的植物残体都能利用。人工栽培时,以棉籽壳最佳,其次是废棉、玉米芯、棉秆、大豆秸、麦秸、稻草等。由于平菇的生命力强,抗逆性好,生长快,故容易实现生料栽培。

决定平菇栽培季节的主要因素是温度。温度对平菇孢子的萌发、菌丝的生长、子实体的形成以及平菇产量和质量起着重要作用,不同生长阶段要求的温度不同。平菇菌丝生长的温度为 5～32℃,以 24～27℃ 最好;平菇子实体形成的温度范围为 5～22℃,以 10～15℃ 为中心 ±5℃ 的变温条件下子实体发生最好,若保持恒温子实体很难发生。人们可以根据平菇在菌丝生长和子实体形成期对温度的特殊要求,利用自然温度或人为地创造一些条件来确定适宜的栽培期。

## 三、实验材料

1. 培养料配方:棉籽壳 95％,麦麸 3％,石灰 1％,石膏 1％。原料一定要新鲜,不霉变,干燥,洁净。配料前,尽可能将选好的原料暴晒 1～2 d,利用阳光中的紫外线杀死部分虫卵和杂菌。

2. 台秤、盆子、聚丙烯塑料袋(厚度 0.004 5 cm)、袋口套盖(套环＋海绵盖)。

## 四、操作步骤

1. 培养料的配制

按上述配方称取原料,把麦麸、石膏、石灰拌匀,洒在棉籽壳上反复拌 2～3 次进行混合,倒入一定量的水,拌匀,使料的含水量达到 60％～65％(即用手紧握培养料,手指缝间有水珠渗出,但不形成水流)。

2. 装袋与接种

采用层播法,即三层种两层料。先将袋筒的一端扎好,撒入一些菌种,再装入培养料,边装边压实(袋壁不能留空隙),装到一半时,再播撒一层菌种,继续装料,至快满袋口时,再播撒一些菌种,整平压实,使菌种与培养料紧密接触,最后用袋口套盖把袋口封好。(注意:接种量一般为料的 15％～20％,靠近袋口多撒些菌种,这样平菇优先生长,杂菌就难以滋生。此外,接种时不宜将菌种捣得太碎,以花生米大小为宜。装好的平菇栽培袋要求两端平整,袋壁平滑,无皱折。)

3. 堆积

根据温度来确定堆积层数和排列方式。气温在 10℃ 左右可堆 3～4 层,18～20℃ 以 2 层为宜,20℃ 以上时可将菌袋平放于地面或排成花堆。在袋面上盖一层报纸,有利于遮光、保湿和防止杂菌污染。

**4. 发菌**

此期主要是调温保湿和防止杂菌污染,隔 4~5 d 转动或调换位置,以利于受热一致,并避免培养料水分的沉积。一般 20~30 d 菌丝就长透整个培养料,继续培养 4~5 d,此时菌丝在培养料内充分发透,并交织成白色菌块,有弹性,菌块表面菌丝浓厚,或形成菌皮,并伴有浅黄色的水珠分泌,整个菌块逸散出特有的菇香。

(1)调温　播种后 2 d 料温开始上升,每天要注意料温的变化,当料温升到 30℃ 以上时,要立即采取降温措施(如打开门窗、地面喷水、倒堆或减少层数等),控制在菌丝最宜生长范围(22~28℃)。

(2)保湿　空气相对湿度 70%。

(3)防杂　若菌块上出现黑、绿斑点,表明有杂菌污染,应及时用 15% 的石灰水或 0.3% 多菌灵涂抹,涂抹范围比杂菌范围大些,涂抹时应从外向内进行,防止杂菌孢子扩散传播。

**5. 出菇**

出菇阶段即子实体形成阶段,是高产的关键期,此期管理措施主要是三增(湿、光、气)、一降(温度)和一防(防不出菇或死菇)。可分为以下时期:

(1)原基期　菌丝长满菌袋 3~5 d 时,菌丝开始扭结形成子实体原基,呈瘤状突起,这一时期称为原基期。要求通风好,有充足的散射光(完全黑暗,不易产生子实体),温度降至 15℃ 左右,且有较大的温差环境,昼夜温差在 10℃ 以上最好。

(2)桑葚期　原基进一步分化,原基菌丝团表面出现米粒似的菌蕾,即进入桑葚期。应采取保湿措施,以喷雾器向半空中喷雾水(注意:要勤喷、少喷,不要把水喷到料面上),使空气相对湿度应保持在 85%~90%。当菌袋两端有密集菌蕾形成时,要解开两端袋口。

(3)珊瑚期　桑葚期经 1~2 d,米粒状菌蕾逐渐生长,表现为基部粗,上部细,层次不齐的短杆状,形似珊瑚,称为珊瑚期,即菇柄形成期。要通风换气,空气相对湿度保持在 85%~90%。

(4)成形期　珊瑚期经 2~3 d,形成原始菌盖,菌盖迅速生长,下方逐渐分化出菌褶,子实体逐步成形。由成形期发育成子实体需要 2~3 d。温度控制在 7~18℃,空气相对湿度应保持在 90%~95%,湿度不能忽上忽下。(注意:每天喷水 2 次,以培养料不积水为宜,不可喷水到幼菇上,以免造成烂菇。)

(5)成熟期　自菇蕾出现 5~8 d(条件适宜 2~3 d),菌盖直径达到 5 cm 左右,子实体菌盖边缘稍平展、颜色由深变浅时即可采收。

## 五、预期结果

图 8-4(彩图 8-4)为采收前的平菇子实体。

## 六、讨论

1. 写出实验报告。对发菌期间和出菇期间出现的异常现象进行描述并分析原因。

**图 8-4　平菇子实体**

2. 平菇子实体发育分为哪几个阶段？各有何特点？

# 实验 50　苏云金芽孢杆菌的分离

## 一、实验目的

1. 掌握用选择性培养基分离苏云金芽孢杆菌的方法。
2. 掌握苏云金芽孢杆菌伴孢晶体的显微观察方法。

## 二、实验原理

苏云金芽孢杆菌(*Bacillus thuringiensis*,简称 Bt)是一种在土壤中广泛存在的革兰氏阳性菌,是目前应用较广的杀虫细菌。其营养体为杆状,两端钝圆,周生鞭毛或无鞭毛。当其营养体生长到稳定期的后期时,菌体一端或中央开始形成一个卵圆形芽孢,称孢子囊时期,每个孢子囊的一端或两端形成一个或多个形状一致或不同的伴孢晶体,伴孢晶体的形状因亚种不同而有差异,有菱形、方形、球形、椭球形、三角形、镶嵌形和不规则形;衰亡期后,芽孢囊破裂,芽孢被释放出来。

由于 Bt 能产生热稳定的芽孢,因而其筛选大多采用热处理的方式。为了减少其他芽孢杆菌对分离的干扰,Bt 的筛选多用醋酸钠筛选法。其原理是醋酸钠能抑制 Bt 芽孢的萌发,因而可通过热处理而不被杀死,但大部分其他芽孢杆菌不被醋酸钠抑制而萌发成营养体,经热处理被杀死。此外,Bt 对青霉素等抗生素有抗性,在加醋酸钠的基础上添加抗生素(一般添加 400 $\mu$g/mL青霉素钠盐和 400 $\mu$g/mL 硫酸庆大霉素),可抑制土壤中其他微生物的生长,提高 Bt 的检出率。

## 三、实验材料

1. BAP 培养基:牛肉膏 0.5％,蛋白胨 1.0％,乙酸钠(CH$_3$COONa・3H$_2$O)3.4％,pH 7.0～7.2。

2. BP 培养基:牛肉膏 0.3％,蛋白胨 0.5％,NaCl 0.5％;琼脂 1.5％,pH 7.0～7.2。倒平板前,待培养基冷却到 50～60℃时加入青霉素钠盐和硫酸庆大霉素,使其终浓度分别达到 400 $\mu$g/mL(亦可不加抗生素)。

3. 石炭酸复红染色液

溶液 A:碱性复红 0.3 g,95％酒精 10.0 mL,用玛瑙研钵研磨配制。

溶液 B:石炭酸 5.0 g,蒸馏水 95.0 mL。

混合溶液 A 及溶液 B 即成。通常可将原液稀释 5～10 倍使用。稀释液易变质失效,一次不宜多配。

4. 高压灭菌锅、超净工作台、旋涡混匀仪、摇床、恒温水浴锅、天平、试管、培养皿、1 mL 吸管、三角瓶、50 mL 离心管、显微镜、擦镜纸、香柏油、二甲苯、载玻片、接种环、酒精灯、涂布棒、无菌生理盐水。

### 四、操作步骤

1. 土壤样品的采集

选择合适的取样点,用铲子移去 5~10 cm 的表层土壤,采用 5 点取样法取得土壤样品共约 50 g,装入无菌塑料袋或牛皮纸袋内混匀,贴好标签备用。(注意:未施用过 Bt 菌剂的耕作土、菜园土、荒土、草地土等均可为采集对象,以害虫滋生地的土壤为佳。)

2. 样品的处理

(1)称取 5 g 土样于 50 mL 灭菌的离心管中,加入 20 mL 无菌水,于旋涡振荡器上剧烈振荡 5 min,充分混匀,置于 75~80℃ 的水浴锅中热处理 15 min,每隔几分钟振摇一下。(注意:杀死土壤细菌的营养细胞。)

(2)用无菌吸管取土样悬液 1 mL 入装有 50 mL BAP 培养基的三角瓶中,30℃,200 r/min 摇床振荡培养 4 h。

(3)置 75~80℃ 的水浴锅中热处理 15 min,每隔几分钟振荡一下(不被醋酸钠抑制的其他杆菌的芽孢在步骤(2)中萌发成营养体,热处理后被杀死)。

3. 分离

用无菌水对样品溶液做梯度稀释,从 $10^{-0}$,$10^{-1}$,$10^{-2}$ 稀释液中用无菌吸管分别吸取 100 μL 菌悬液于 BP 平板上,每个稀释度做 3 个重复,用无菌刮铲轻轻涂布均匀,于 30℃ 倒置培养。

4. 培养及观察

培养 3 d 后,观察菌落特征,随机挑取具有典型芽孢杆菌特征的单菌落,涂片、干燥、固定后,用石炭酸复红染色 1~2 min,经水洗、干燥后镜检,有伴孢晶体的分离物即可确定为苏云金芽孢杆菌。(注意:芽孢杆菌的典型特征:在牛肉膏蛋白胨培养基上,30~32℃ 培养 72 h 后,菌落淡黄色或乳白色;表面干燥平坦,有时有皱纹,边缘不整齐,直径可达 0.5~2.0 cm。伴孢晶体需在油镜下观察,用石炭酸复红染色时,营养体为红色,伴孢晶体深红色,而芽孢不着色,仅见具有轮廓的折光体。)

### 五、预期结果

石炭酸复红染色后,油镜下可观察到苏云金芽孢杆菌的营养体、芽孢和伴孢晶体(图 8-5,彩图 8-5)。

### 六、讨论

1. 绘出分离到的苏云金芽孢杆菌的营养体、芽孢及伴孢晶体的形态图,并描述其在培养基中的菌落形态。

2. 苏云金芽孢杆菌生物杀虫剂的活性物质是什么?其杀虫机理是什么?

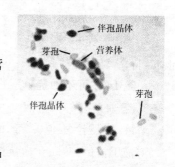

**图 8-5 苏云金芽孢杆菌的营养体、芽孢及伴孢晶体的形态图**

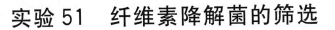

# 实验 51　纤维素降解菌的筛选

## 一、实验目的

1. 了解纤维素降解菌筛选的基本原理。
2. 学习并掌握纤维素降解菌株分离的操作方法。

## 二、实验原理

　　纤维素是植物细胞壁的主要成分,占植物干重的 1/3～1/2,是地球上分布最广、含量最丰富、生成量最高的有机化合物。利用微生物产生的纤维素酶将纤维素转化为人类急需的能源、食物和化工原料,对于人类社会解决环境污染、食物短缺和能源危机具有重大的现实意义。

　　土壤中含有大量植物残体,因此,纤维素降解微生物多见于腐殖土中,包括真菌、细菌、放线菌的很多类群。在以纤维素为唯一碳源的培养基中,纤维素碳源物质能诱导纤维素分解菌产生纤维素酶,催化水解纤维素生成纤维二糖和葡萄糖。刚果红(一种染料)可以与纤维素形成色泽浓郁的红色复合物,但并不与纤维二糖、葡萄糖发生这种反应。当纤维素被纤维素酶分解后,刚果红-纤维素的复合物就无法形成,培养基中会出现以纤维素分解菌为中心的清晰、透明的水解圈,因而可以通过是否产生透明圈来筛选纤维素分解菌。透明圈出现得越早,直径越大,说明菌株对纤维素的分解能力越好,产生的纤维素酶活力越强。

## 三、实验材料

　　1. Dubos 纤维素培养基:$NaNO_3$ 0.5 g,$FeSO_4 \cdot 7H_2O$ 0.005 g,$K_2HPO_4$ 1.0 g,$MgSO_4 \cdot 7H_2O$ 0.5 g,KCl 0.5 g,蒸馏水 1 000 mL,pH 7.2,分装入大试管中,每管 10 mL,向各管再加滤纸条,滤纸条贴于试管内壁,一半浸入培养液,一半露出液面。

　　2. 纤维素刚果红培养基:$(NH_4)_2SO_4$ 2 g,$MgSO_4$ 0.5 g,$K_2HPO_4$ 1 g,NaCl 0.5 g,纤维素粉 20.0 g,刚果红 0.2 g,琼脂 15.0 g,水 1 000 mL,自然 pH 。

　　其中纤维素粉以 1 mol/L 的盐酸处理 24 h,去除其他可能存在的碳源,之后水洗至 pH 中性,过滤、烘干备用。琼脂经流水冲洗 24 h 后烘干备用。滤纸用碘液检查,如显蓝色,说明有淀粉存在,可在 1％稀醋酸中浸泡一昼夜后,再用碘液检查是否有淀粉,若已完全去除,则用 2％苏打水冲洗至中性,烘干后备用。

　　3. 高压灭菌锅、超净工作台、摇床、恒温培养箱、天平、试管、培养皿、1 mL 吸管、三角瓶、接种环、酒精灯、三角刮铲。

## 四、操作步骤

　　1. 取样

　　土样的采集要选择富含纤维素的环境,如植物落叶腐殖土处。用铲子移去 5～15 cm 的表

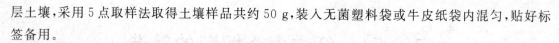

层土壤,采用 5 点取样法取得土壤样品共约 50 g,装入无菌塑料袋或牛皮纸袋内混匀,贴好标签备用。

2. 土壤悬液的制备

称取土样 5 g,迅速倒入带玻璃珠的、装有 45 mL 无菌水的三角瓶中,摇床振荡 10 min,使土样充分打散,即成为 $10^{-1}$ 土壤悬液。用无菌吸管吸取 1 mL $10^{-1}$ 土壤悬液,加到 9 mL 无菌水中即为 $10^{-2}$ 稀释液,依次制成 $10^{-3} \sim 10^{-6}$ 稀释液。

3. 富集培养

将稀释倍数为 $10^{-4}$、$10^{-5}$、$10^{-6}$ 的土壤悬液用无菌移液管吸取 1 mL,接种于装有 10 mL Dubos 纤维素培养基的试管内,置于 28℃ 恒温培养。每隔 1 d 观察试管内滤纸的变化,液面附近的滤纸会出现透明的亮斑,如果分解强度大甚至可见滤纸条被完全切断。(注意:此过程需 1 周左右。为了使纤维素分解菌更好的富集,培养结束之后,可将崩溃的滤纸转入无菌的新鲜 Dubos 纤维素培养基中再次培养,反复 3 次。)

4. 平板筛选

将无菌的纤维素刚果红培养基熔化,倒入灭菌的培养皿内,待冷却后制成平板。从上述试管内挑出正在溃烂的滤纸,用无菌水洗涤,得到的洗液用无菌水适当稀释制成悬液,吸取 0.1 mL 滴入平板中央,用玻璃刮铲涂布均匀,于 28℃ 恒温倒置培养,至菌落长出,产生纤维素酶的菌落周围将会出现明显的水解圈。(注意:产酶越多,水解圈越大;产酶越快,水解圈出现得越早。)

5. 分离与纯化

将四周有透明水解圈的菌落再接种于纤维素刚果红培养基上反复划线分离,得到纤维素降解菌的纯培养。

## 五、预期结果

纤维素刚果红培养基中,以纤维素降解菌为中心出现透明圈(图 8-6,彩图 8-6)。

## 六、讨论

1. 写出实验报告。

2. 纤维素酶有哪几类? 简述其降解纤维素的作用机理。

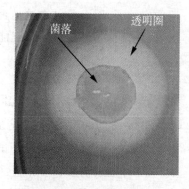

图 8-6　纤维素降解菌的菌落及其形成的透明圈

# 实验 52　生物有机肥的制备

## 一、实验目的

1. 掌握生物有机肥的概念。

2. 学习和掌握制备生物有机肥的操作方法。

## 二、实验原理

生物有机肥(microbial organic fertilizers)是以禽畜粪便、农作物秸秆、农副产品或食品加工产生的有机废弃物为原料,加入促进有机物料分解、腐熟的非病原微生物菌剂,使之快速除臭、腐熟后,再与具有固氮、解磷、解钾等特定功能的微生物菌剂进行复合,从而制备的一类兼具微生物肥料和有机肥效应的肥料。微生物菌种是生物有机肥生产的核心。一般在生产过程中,有两个环节涉及微生物的使用:一是在腐熟过程中加入的腐熟菌剂,多由复合菌系组成,常见菌种有芽孢杆菌、乳酸菌、酵母菌、放线菌、青霉、木霉、根霉等;二是在物料腐熟后加入的功能菌,以固氮菌、溶磷菌、硅酸盐细菌、乳酸菌、假单胞菌、芽孢杆菌、放线菌、光合细菌等为主,在产品中发挥特定的肥料效应。

生物有机肥融微生物肥料和有机肥于一体,既能向农作物提供多种有机养分,培肥土壤,还能促进营养元素的吸收,改善土壤微生态环境,减少作物病虫害发生,提高作物的抗逆性,达到丰收、增产的目的,对农业发展意义很大。

## 三、实验材料

1. 生物有机肥发酵腐熟剂:市售,有效活菌数≥2亿/g。
2. 细黄链霉菌功能菌剂:市售,活菌数≥80亿/g。
3. 原料:干燥的秸秆,尿素。

## 四、操作步骤

1. 原料处理

将原料中的石子、塑料等杂物进行清理,用铡草机切短,一般长度以 3～5 cm 为宜(麦秸、稻草、树叶、杂草、花生秧、豆秸等也可直接用于发酵,但切短后发酵效果更佳)。

2. 原料配制

把切短后的秸秆用水浇湿、渗透,秸秆含水量一般掌握在 60%～70% 为宜。

3. 拌菌

以 100 kg 干秸秆为例。将 500 g 尿素和 200 g 腐熟剂拌匀,均匀地撒在用水浇过的秸秆表面。用铁锹等工具翻拌一遍,堆成宽 1.2～2 m、高 0.6～1.5 m、长度不限的草垛(注意:堆制过程中,人不可上去踩)。用塑料布覆盖(目的在于保水、保肥、保温、防雨,以麻布类稍具通气性者为佳)。

4. 翻堆及通气

在堆上插温度计进行堆温检测,当温度升至 60℃ 左右时进行翻堆,把堆温控制在 50～60℃,最高温度不能超过 65℃(此温度范围有利于微生物活动,可加快秸秆分解并杀死病菌、虫卵)。经几次翻堆后,温度不再明显升高,即视为腐熟。除散发热量外,翻堆目的还在于增加堆肥的通气性,并将外层未发酵物料向内翻,使其充分腐熟。(注意:腐熟标志是秸秆颜色变深,呈褐色或黑褐色,用手握之柔软有弹性;堆体比刚堆时塌陷1/3 或 1/2。)

腐化过程根据温度的变化分为 3 个阶段:

(1)升温阶段 从常温升到 50℃,一般只需 1 d。

(2)高温阶段 从 50℃升到 70℃,一般需要 2 d。

(3)降温阶段 从高温度降到 50℃以下,一般需 2 周左右。

5. 二次加菌

在物料腐熟后,按干秸秆重量的 0.1% 拌入细黄链霉菌功能菌剂,边撒菌剂边翻堆以拌匀,待物料表面长出大量菌丝,即表示功能菌大量繁殖,达到生物有机肥标准。

6. 干燥、粉碎、包装

将发酵完成的物料风干或低温烘干、粉碎机粉碎、包装。(注意:要求有效活菌数(cfu)≥2 亿/g,有机质(以干基计)≥40.0%,水分≤30%,pH 5.5~8.5。)

## 五、预期结果

秸秆腐熟过程中,微生物迅速繁殖,代谢活跃,放出大量热量。此时,若室温较低,翻堆时可见明显的"冒气"现象(图 8-7,彩图 8-7)。图 8-8(彩图 8-8)为腐熟的稻草秸秆,呈黑褐色,柔软有弹性。

图 8-7 腐熟过程中的稻草秸秆堆

图 8-8 接近腐熟时的黑褐色稻草

## 六、讨论

1. 写出实验报告。

2. 生物有机肥与农家肥有什么区别?

3. 以秸秆为原料制备生物有机肥时,为什么加入尿素?

# 附录 教学常用溶液配制

1. 吕氏(Loeffler)美蓝染色液

A 液:美蓝(methylene blue)      0.3 g

    95%酒精      30 mL

B 液:氢氧化钾(KOH)      0.01 g

    蒸馏水      100 mL

分别配制 A 液和 B 液,然后混合即成。

2. 0.1%美蓝染色液

吕氏美蓝染色液      46 mL

蒸馏水      64 mL

3. 齐氏石炭酸复红染色液

A 液:碱性复红(basic fuchsin)      0.3 g

    95%酒精      10.0 mL

B 液:石炭酸(苯酚)      5.0 g

    蒸馏水      95 mL

分别配制 A 液和 B 液,然后混合即成。

4. 结晶紫染色液

A 液:结晶紫(crystal violet)      2.5 g

    95%酒精      25.0 mL

B 液:草酸铵      1.0 g

    蒸馏水      1 000 mL

将结晶紫研细后,加入 95%的酒精,使之溶解,配成 A 液;将草酸铵溶于蒸馏水中,配成 B 液。两液混合即成。

5. 路戈氏(Lugol)碘液(革蓝氏染色用)

碘      1.0 g

碘化钾      2.0 g

蒸馏水      300 mL

先将碘化钾溶于少量蒸馏水中,再将碘溶于碘化钾溶液中,溶解时可稍加热,最后补足蒸馏水量。

6. 番红染色液(革蓝氏染色用)

2.5%番红 O(safranin O)95%酒精溶液      10 mL

蒸馏水      90 mL

7. 孔雀绿染色液(芽孢染色用)

孔雀绿(malachite green)      5.0 g

蒸馏水      100 mL

8. 碘液(酵母染色用)

| | |
|---|---|
| 碘 | 2.0 g |
| 碘化钾 | 4.0 g |
| 蒸馏水 | 100 mL |

先将碘化钾溶于少量蒸馏水中,再将碘溶于碘化钾溶液中,溶解时可稍加热,最后补足蒸馏水量。

9. 乳酸石炭酸棉蓝染色液(真菌制片用)

| | |
|---|---|
| 石炭酸 | 10 g |
| 乳酸(比重1.21) | 10 mL |
| 甘油 | 20 mL |
| 蒸馏水 | 10 mL |
| 棉蓝(cotton blue) | 0.02 g |

将石炭酸加入蒸馏水,加热溶解,再加入乳酸和甘油,最后加入棉蓝,溶解即成。

10. X-gal 贮存液

X-gal 为 5-溴-4-氯-3-吲哚-$\beta$-$D$ 半乳糖苷。将 X-gal 溶于二甲基甲酰胺中,配成 20 mg/mL 的贮存液,装在玻璃或聚丙烯管中,装有 X-gal 溶液的试管须用铝箔封裹以防因受光照而被破坏,并应贮存于 −20℃。X-gal 溶液无须过滤除菌。

11. IPTG 母液

IPTG 为异丙基硫代-$\beta$-$D$-半乳糖苷(相对分子质量为 238.3),将 2 g IPTG 溶解于 8 mL 蒸馏水中,用蒸馏水定容至 10 mL,用 0.22 $\mu$m 滤器过滤除菌,分装成 1 mL 小份,贮存于 −20℃。

12. LB 培养基

| | |
|---|---|
| 胰蛋白胨(tryptone) | 10 g |
| 酵母提取物(yeast extract) | 5 g |
| NaCl | 10 g |
| 水 | 1 000 mL |
| pH | 7.0~7.5 |

将各种成分溶解到 800 mL 水中,用 5 mol/L 的 NaOH 溶液调节 pH 至 7.0~7.5,加水定容到 1 000 mL,分装后,121℃灭菌 30 min。

13. 牛肉膏蛋白胨培养基(营养肉汤培养基)

| | |
|---|---|
| 牛肉膏 | 3.0 g |
| 蛋白胨 | 10.0 g |
| NaCl | 5 g |
| 水 | 1 000 mL |
| pH | 7.2~7.4 |

14. 葡萄糖牛肉膏蛋白胨培养基

| | |
|---|---|
| 葡萄糖 | 10.0 g |
| 牛肉膏 | 3.0 g |
| 蛋白胨 | 10.0 g |

| NaCl | 5 g |
| 水 | 1 000 mL |
| pH | 7.2～7.4 |

15. 淀粉铵盐培养基（主要用于霉菌、放线菌培养）

| 可溶性淀粉 | 10.0 g |
| $(NH_4)_2SO_4$ | 2.0 g |
| $K_2HPO_4$ | 1.0 g |
| $MgSO_4.H_2O$ | 1.0 g |
| NaCl | 1.0 g |
| $CaCO_3$ | 3.0 g |
| 蒸馏水 | 1 000 mL |

16. 赫奇逊（Hutchinson）氏培养基（培养好气性纤维素分解菌）

| $KH_2PO_4$ | 1.0 g |
| NaCl | 0.1 g |
| $MgSO_4 \cdot 7H_2O$ | 0.3 g |
| $NaNO_3$ | 2.5 g |
| $FeCl_3$ | 0.001 g |
| $CaCl_2$ | 0.1 g |
| 琼脂 | 18 g |
| $H_2O$ | 1 000 mL |
| pH | 7.2 |

将灭菌后融化的上述培养基倒入培养皿，凝固后在平板表面放一张无菌的无淀粉滤纸，用刮刀涂抹表面使其紧贴培养基表面。

17. 奥曼梁斯基培养基

| $(NH_4)_2SO_4$ | 2 g |
| $MgSO_4$ | 0.5 g |
| $KH_2PO_4$ | 1.0 g |
| NaCl | 0.2 g |
| $CaCO_3$ | 2 g |
| 蒸馏水 | 1 000 mL |

18. 改良阿须贝（Ashby）无氮琼脂培养基

| 葡萄糖 | 10.0 g |
| $CaCO_3$ | 5 g |
| $K_2HPO_4$ | 0.2 g |
| $MgSO_4 \cdot 7H_2O$ | 0.2 g |
| $K_2SO_4$ | 0.2g |
| 琼脂 | 18.0 g |

19. 改良斯蒂芬逊培养基

| | |
|---|---|
| $(NH_4)_2SO_4$ | 2.0 g |
| $MgSO_4 \cdot 7H_2O$ | 0.03 g |
| $CaCO_3$ | 5.0 g |
| $MnSO_4 \cdot 4H_2O$ | 0.01 g |
| $K_2HPO_4$ | 0.75 g |
| $NaH_2PO_4$ | 0.25 g |
| 蒸馏水 | 1 000 mL |

20. 亚硝酸盐培养基

| | |
|---|---|
| 蛋白胨 | 10 g |
| $KNO_3$ | 2 g |
| 酵母浸膏 | 3 g |
| 蒸馏水 | 1 000 mL |

21. 糖发酵基础培养基

| | |
|---|---|
| 蛋白胨 | 10.0 g |
| NaCl | 5.0 g |
| 蒸馏水 | 1 000 mL |

pH 调至 7.4 后,每 1 000 mL 培养基中加入 1.6% 溴甲酚紫或溴麝蓝 1 mL,混匀后使培养基呈现蓝色,常规灭菌后使用前无菌操作加入适量浓糖液(终浓度 20%)。

22. 休和李夫森二氏半固体培养基

| | |
|---|---|
| 葡萄糖 | 10.0 g |
| 蛋白胨 | 2.0 g |
| $K_2HPO_4$ | 0.2 g |
| NaCl | 5.0 g |
| 1% 溴麝蓝水溶液 | 3 mL |
| 琼脂 | 5~6 g |
| 蒸馏水 | 1 000 mL |

pH 7.2,分装试管,培养基高度 5 cm,$6.9 \times 10^4$ Pa 灭菌 30 min。

# 参考文献

［1］杜秉海.微生物学实验.北京：北京农业大学出版社，1994.

［2］钱存柔，黄仪休，等.微生物学实验教程.2版.北京：北京大学出版社，2008.

［3］沈萍，陈向东.微生物学实验.4版.北京：高等教育出版社，2007.

［4］周德庆，徐德强.微生物学实验教程.3版.北京：高等教育出版社，2013.

［5］萨姆布鲁克·E·F·弗里奇，T·曼尼阿蒂斯.分子克隆.2版.北京：科学出版社，1992.

［6］李阜棣，喻子牛，何绍江.农业微生物学实验技术.北京：中国农业出版社，1996.

［7］Yeates C，Gillings M R，Davison A D，et al. Veal DAMethods for microbial DNA extraction from soil for PCR amplification. Biological Procedures Online，1998(1)：40-47.

［8］Amann R I，Ludwig W，Schleifer K H. Phylogenetic identification and in situ detection of individual microbial cells without cultivation. Microbiology Reviews，1995，59：143-169.

農業微生物学実験技術